无居民海岛开发利用与规划

——基于生态视角的东海区案例探索

贾建军　蔡廷禄　刘毅飞　陈　勇　杨志宏 等　著

科学出版社

北　京

内 容 简 介

本书从海岛保护与利用规划制定入手，借鉴基于生态系统管理的理念，对东海区无居民海岛的开发利用情况、生态系统调查与开发适宜性评价、海岛分区和区域性海岛规划等问题进行了点面结合的介绍。主要内容包括：①东海区海岛开发利用情况与典型案例；②示范区海岛生态环境监测与评价；③海岛分区与规划。

本书可供海洋、资源、环境、生态等专业的研究人员、管理人员及高校师生参考。也可为我国全面制定海岛保护与利用规划提供理论及技术支持，为《中华人民共和国海岛保护法》的实施提供技术支撑，从而促进海岛的可持续发展。

图书在版编目(CIP)数据

无居民海岛开发利用与规划：基于生态视角的东海区案例探索 / 贾建军等著. —北京：科学出版社，2019.11
　ISBN 978-7-03-062420-8

Ⅰ. ①无⋯　Ⅱ. ①贾⋯　Ⅲ. ①东海–岛–海洋资源–资源开发–案例–中国　Ⅳ. ①P74

中国版本图书馆 CIP 数据核字 (2019) 第 213701 号

责任编辑：朱　瑾／责任校对：郑金红
责任印制：吴兆东／封面设计：无极书装

科 学 出 版 社 出版
北京东黄城根北街 16 号
邮政编码：100717
http://www.sciencep.com
北京虎彩文化传播有限公司 印刷
科学出版社发行　各地新华书店经销
*
2019 年 11 月第 一 版　　开本：787×1092 1/16
2019 年 11 月第一次印刷　　印张：13 1/2
字数：295 000
定价：180.00 元
（如有印装质量问题，我社负责调换）

前　言

2017 年 12 月国家海洋局[①]发布的《2016 年海岛统计调查公报》披露,我国共有海岛 11 000 余个,海岛总面积约占我国陆地面积的 0.8%,浙江省、福建省和广东省海岛数量位居沿海省(自治区、直辖市)前三位。我国海岛分布不均,呈现南方多、北方少,近岸多、远岸少的特点。按海区划分,东海海岛数量约占我国海岛总数的 59%,南海海岛约占 30%,渤海和黄海海岛约占 11%;按离岸距离划分,距大陆小于 10km 的海岛数量约占海岛总数的 57%,距大陆 10～100km 的海岛数量约占 39%,距大陆大于 100km 的海岛数量约占 4%。

海岛资源丰富、区位特殊,是我国经济社会发展的重要依托,主要体现在以下三方面。首先,海岛占据特殊的经济地位。近年来,我国海洋经济迅猛发展,海洋开发强度不断加大,海岛经济作为海洋经济重要的组成部分,对海洋经济的进一步健康增长具有至关重要的作用。其次,海岛具有重要的生态资源价值。海岛蕴含着丰富的港口资源、生物资源、旅游资源和空间资源等,有些岛屿如蛇岛、鸟岛等生境独特,具有重要的科研价值。最后,海岛的战略地位非常突出。截至 2012 年 9 月,我国已公布的 94 个领海基点绝大多数位于海岛附近,是维护国家海洋权益的前沿阵地;同时,海岛承接海陆,区位特殊,在国防事业中发挥着哨岗和堡垒的作用,战略地位至关重要。

需要指出,海岛是一类脆弱、敏感且特殊的生态系统。为了规范我国海岛的保护与利用,国家制定并颁布了《中华人民共和国海岛保护法》(以下简称《海岛保护法》),确立了"科学规划、保护优先、合理开发、永续利用"的原则,并于 2010 年 3 月 1 日正式实施;2012 年,国务院批准了《全国海岛保护规划》。在《海岛保护法》和《全国海岛保护规划》的指引下,我国海岛的开发、建设、保护与管理迎来一个全新的时期。与此同时,为了改善海岛地区民生条件、推动海岛生态文明建设,2010～2014 年,国家海洋局利用中央财政海域使用金返还资金和海岛保护专项资金,组织地方开展海岛整治修复项目 70 个,共投入资金约 17 亿元,这些项目包括改扩建海岛码头道路、集中处理垃圾污水、修复岛体岸线、保护淡水资源、发展可再生能源等内容,力求逐步改善海岛生态与人居环境。

海洋公益性行业科研专项经费项目始于 2008 年,由国家海洋局组织实施,围绕海洋科技发展规划开展工作,主要用于支持开展海洋可持续开发利用研究及示范,支持开展海洋管理、公益服务和海洋权益维护所需的应急性、培育性、基础性科研工作,包括应用基础研究、重大公益性技术前期预研、实用技术研究开发、国家标准和行业重要技术标准研究、计量和检验检测技术研究 5 类。

---

① 2018 年 3 月,根据第十三届全国人民代表大会第一次会议批准的国务院机构改革方案,将国家海洋局的职责整合,组建中华人民共和国自然资源部,自然资源部对外保留国家海洋局牌子。

在上述背景下，海洋公益性行业科研专项经费项目"基于生态系统的海岛保护与利用规划编制技术研究及应用示范"（本书简称"海岛规划公益项目"）从海岛保护与利用规划制定入手，借鉴基于生态系统管理的理念，收集并分析我国海岛生态和保护利用的资料；识别不同类型海岛的生态特征、开发类型、开发强度和存在问题，研究建立我国海岛保护与利用规划编制技术体系并开展应用示范；明确不同生态类型海岛分类管理的政策，为我国全面制定海岛保护与利用规划提供理论及技术支持，为《海岛保护法》的实施提供技术支撑，以实现海岛区域社会可持续发展。这项研究工作执行期为 2009 年10 月至 2013 年 3 月，围绕省级海岛保护规划和单岛保护与利用规划的编制技术，重点解决三方面的问题：空间发展战略目标如何确定、空间分类与分区如何合理安排、规划技术资料如何快速获取和管理。

本书基于海岛规划公益项目第二课题"东海海岛现状调研及基岩类海岛规划编制技术研究及应用示范"（项目编号：200905004-2）的调查研究成果，包括以下 4 个方面的内容（图 I -1）：①东海区海岛生态、开发保护现状调研和资料收集分析整理；②工业开发类海岛保护与利用分区方法研究；③选划农业开发类基岩海岛为示范区，开展无居民海岛生态管理指标监测和评价工作；④针对基岩类海岛示范区开展海岛保护与利用规划编制工作。

上述 4 个方面的工作密切配合并服务于海岛规划公益项目的总体目标（图 I -2）。其中，东海区海岛基本情况调研可为确定空间发展战略目标、制定海岛分类管理政策提供基础资料；在分类管理原则指引下，工业开发类海岛保护与利用分区方法的研究为总项目汇总制订无居民海岛分区方法提供了有益的补充；对于总项目设计的海岛生态健康评价、开发适宜性评价和承载力评价等技术方法而言，东海示范区海岛生态系统监测和评价既可以提供评价方法研究所需的有关指标与参数，又可以对评价技术方法的研制进行过程中的评估和过程后的示范性应用；杭州湾区域海岛规划和重点海岛发展规划是在省域和单岛两个层面上的示范性海岛规划，体现了海洋公益性行业科研专项经费项目贯通"产学研用"全链条的初衷。

全书共分三篇九章。上篇 东海区海岛开发利用情况与典型案例，包括三章：第一章 绪论，由贾建军、蔡廷禄执笔；第二章 东海区无居民海岛开发利用，由刘毅飞、蔡廷禄、贾建军、夏小明、时连强执笔；第三章 东海区无居民海岛资源环境与开发利用案例分析，由蔡廷禄、刘毅飞、谭勇华、王建富、杨志宏、程林执笔。中篇 示范区海岛生态环境调查监测与评价，共分三章：第四章 示范区选划与生态系统监测方案，由贾建军、廖一波、张方刚、王建红、王欣凯执笔；第五章 示范区海岛生态系统调查与评价，由刘毅飞、蔡廷禄、寿鹿、廖一波、刘晶晶、于培松、江志兵、杜萍、史爱琴、陈水华、张方刚、王建红、王欣凯执笔；第六章 海岛生态敏感性、开发适宜性及功能分区，由杨志宏、王欣凯、蔡廷禄、贾建军执笔。下篇 海岛分区与区域性海岛规划探索，分为三章：第七章 工业开发类海岛分区方法，由贾建军、蔡廷禄、刘毅飞执笔；第八章 杭州湾区域海岛规划，由蔡廷禄、陈勇、贾建军、吕颖执笔；第九章 重点海岛发展规划，由陈勇、蔡廷禄、吕颖、刘毅飞、王欣凯执笔。统稿工作由贾建军和蔡廷禄完成。

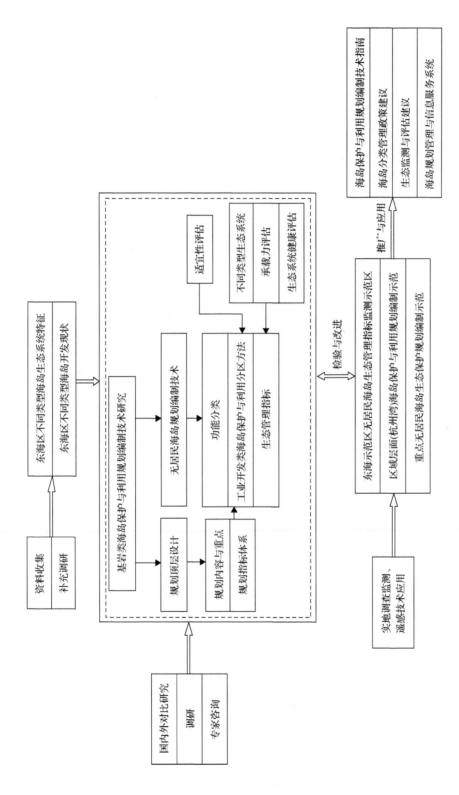

图 I-1　东海海岛现状调研及基岩类海岛规划编制技术研究及应用示范技术路线图

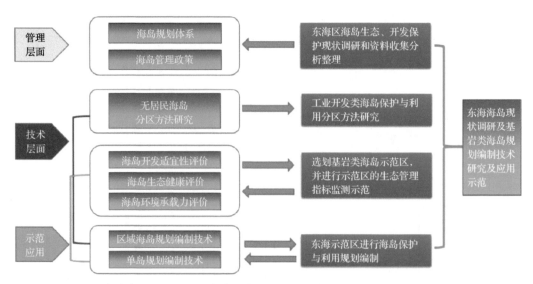

图 I-2　东海海岛现状调研及基岩类海岛规划编制技术研究及应用示范与总项目的关系

　　"东海海岛现状调研及基岩类海岛规划编制技术研究及应用示范"课题在实施过程中得到国家海洋局第二海洋研究所、浙江自然博物馆(协助岛陆生物资源调查)[①]、浙江省农业科学院(协助岛陆土壤调查与评价)、浙江省城乡规划设计研究院(协助进行海岛规划)、浙江省海洋与渔业局及浙江省海盐县海洋与渔业局(协调示范区登岛调查)、嘉兴市气象局(提供海盐县及白塔岛气象统计分析资料)、舟山市地名办公室等单位的大力支持与配合。数十位专业技术人员参与了调查和研究工作,包括(按姓氏笔画排序):于培松、王建红、王建富、厉冬玲、史爱琴、乐凤凤、吕颖、刘小涯、刘立伟、刘诚刚、刘晶晶、刘毅飞、江志兵、寿鹿、杜萍、时连强、张方刚、张华国、陆祎玮、陈勇、陈水华、陈苍松、范忠勇、郝锵、姚龙奎、贾建军、夏小明、徐晓群、高爱根、黄伟、曾江宁、蔡廷禄、蔡昱明、廖一波、谭勇华、翟红昌。参与研究工作的还有当时的在读研究生,包括(按姓氏笔画排序):王小珍、王欣凯、巩彪、朱旭宇、刘瑞娟、李利红、杨志宏、沈忱、宋乐、徐广珺、徐圆、高瑜、程林、童宵岭、谭赛章等。在此一并致谢。

作　者

2018 年 10 月

　　① 因政府机构改革等原因,国家海洋局第二海洋研究所更名为自然资源部第二海洋研究所,浙江自然博物馆更名为浙江自然博物院,浙江省海洋与渔业局并入新组建的浙江省自然资源厅,海盐县海洋与渔业局并入新组建的海盐县自然资源与规划局。

目　录

中篇　示范区海岛生态环境调查监测与评价

上　篇

东海区海岛开发利用情况与典型案例

第一章 绪 论

第一节 海岛生态系统

一、海岛的概念与分类

海岛的概念实质上是岛屿与大陆的分类问题。分类是把思维对象按属性的异同划分为不同种类的逻辑思维方法，具有 3 个要素：母项，即被划分的对象；子项，即划分后所得的类概念；依据，即划分的标准（樊丽娜等，2011）。分类要遵循 3 个原则：标准统一、不重复、不遗漏。

岛是被水包围的陆地，海岛自然是指海水包围的陆地。《联合国海洋法公约》指出，"岛屿是四面环水并在高潮时高于水面的自然形成的陆地区域"，《海岛保护法》认为"海岛是指四面环海水并在高潮时高于水面的自然形成的陆地区域"。不过，上述两部法律给出的海岛定义并不严谨，且不说高潮位的定义有时间和空间的约束，单是"四面环海水……的陆地区域"就有问题。众所周知，地球表面由海洋和陆地组成，所有的海洋都是互连互通的，而陆地则被海水包围、彼此分离。例如，亚欧大陆被太平洋、印度洋、大西洋和北冰洋包围，澳大利亚大陆被太平洋和印度洋包围。因此，上述法律给出的海岛定义不能有效区分大陆与海岛。相形之下，一些字典对海岛的定义更加清晰。例如，《不列颠百科全书》的释义是"（海）岛是四面环水且面积小于大陆的陆地"（The Editors of Encyclopaedia Britannica，2019）；《韦氏大词典》亦认为"（海）岛是连片的陆地，其四周由水环绕，其面积小于大陆"（Merriam-Webster，2018）。

要明确海岛的概念，需要对英文"continent"含义的研究下一番功夫。"continent"对应的中文有两层意思，其本义是连片的大面积陆地（表 1-1）。如果不考虑人工开凿的苏伊士运河和巴拿马运河，那么地球上只有四块大陆：亚欧非大陆、美洲大陆、南极洲大陆及澳大利亚大陆。由于苏伊士运河贯通了大西洋（地中海）和印度洋（红海）、巴拿马运河连接了太平洋与大西洋，现代地理学主流的大陆划分方案是六分法：亚欧大陆、非洲大陆、北美洲大陆、南美洲大陆、南极洲大陆及澳大利亚大陆。大陆之外的陆地都是海岛，区分两者的唯一标准是陆地面积的大小，这个标准是人为划定的：所有大陆的面积不小于澳大利亚大陆（>760 万 km^2），所有海岛的面积不大于格陵兰岛（<220 万 km^2）。"continent"另一层含义是"大洲"，这是一个综合了地理、历史和文化的概念，每个"大洲"包括一片大陆及其邻近的海岛[①]。例如，不列颠群岛是欧洲的一部分，格陵兰岛属于北美洲，而波利尼西亚、美拉尼西亚、密克罗尼西亚诸岛是大洋洲的一部分。

[①] 从自然地理的角度，以巴拿马运河为界，可将美洲大陆分为北美洲和南美洲；从人文地理的角度，因墨西哥及其以南的美洲国家之官方语言均为西班牙语和葡萄牙语，这两种语言同属拉丁语族，亦有人将这一区域称为"拉丁美洲"。

表 1-1　大陆划分方案（Wikipedia，2019）

大陆数量	大陆划分方案			
	亚欧非	美洲	南极洲	澳大利亚
四大陆	亚欧非大陆	美洲大陆	南极洲大陆	澳大利亚大陆
五大陆	非洲大陆　亚欧大陆	美洲大陆	南极洲大陆	澳大利亚大陆
六大陆 I	非洲大陆　亚洲大陆　欧洲大陆	美洲大陆	南极洲大陆	澳大利亚大陆
六大陆 II	非洲大陆　亚欧大陆	北美洲大陆　南美洲大陆	南极洲大陆	澳大利亚大陆
七大陆	非洲大陆　亚洲大陆　欧洲大陆	北美洲大陆　南美洲大陆	南极洲大陆	澳大利亚大陆

中国海洋界对海岛的认识也经历了一个渐进的过程。2000 年发布的国家标准《海洋学术语海洋地质学》（GB/T 18190—2000）将海岛定义为"散布于海洋中面积不小于 500 平方米的小块陆地"（国家质量技术监督局，2000），这个定义有两个问题。其一，以陆地面积 500m^2 作为岛和礁的分界线，是源自中国军方的测绘传统，《联合国海洋法公约》并未限定岛屿面积的下限。其二，"小块陆地"也没有明确岛屿面积的上限。当然，要求中国的国家标准明确岛屿面积的上限有求全责备之嫌，因为台湾岛是中国所属最大岛屿，而台湾岛的面积远小于世界最大海岛——格陵兰岛。到了 2011 年，随着《海岛保护法》的实施，新版国家标准《海洋学综合术语》（GB/T 15918—2010）对岛屿的定义也进行了修订——海洋岛屿是"散布在海洋中，四面环水、高潮时露出水面、自然形成的陆地"（国家质量监督检验检疫总局和国家标准化管理委员会，2011）。这个定义与《联合国海洋法公约》及《海岛保护法》保持一致，不再"歧视"面积小于 500m^2 的海岛。

基于此，我们可以换一个视角观察地球，认为地球表面由海洋、大陆和海岛构成，大陆与海岛组成大洲（图 1-1）。

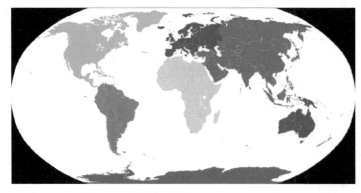

图 1-1　世界七大洲（Wikipedia，2019）

各洲颜色与表 1-1 相同

对海岛进行分类时，因划分标准不同，可以得到不同的结果（左大康，1990；曾呈奎等，2004；黄宗理和张良弼，2006）。根据海岛基底的地壳性质，可以将海岛分为大陆岛和海洋岛。大陆岛的基底是大陆地壳，以硅铝质为主、较厚，在板块构造上属于大陆板块的一部分；而海洋岛的基底是大洋地壳，以硅镁质为主、较薄。根据海岛的成因和物质组成，可以将海岛分为基岩岛、火山岛、珊瑚岛和堆积岛。基岩岛在构造上与邻近大陆的山体一脉相承、主体是非火山和珊瑚成因的基岩，如台湾岛和海南岛；火山岛由火山喷发物（熔岩、火山渣、火山灰等）堆积而成，钓鱼岛、澎湖列岛是我国比较典型的火山岛；珊瑚岛是由浅海生活的珊瑚虫及其伴生生物的遗骸堆筑而成的岛屿，根据分布位置和形态又可将其分为岸礁、堡礁和环礁 3 种类型，南海诸岛几乎都是珊瑚岛；堆积岛由陆源碎屑物质（不包括珊瑚砂）在河口和近海堆积而成，如崇明岛。

我国在 1988～1996 年进行了第一次全国海岛资源综合调查，提出了 8 种标准用于海岛分类，即形态、成因、物质组成、离岸距离、面积大小、所处位置、有无人居住及有无淡水（《全国海岛资源综合调查报告》编写组，1996），其中，按面积大小、所处位置和有无人居住（即海岛的社会属性）的分类富有中国特色。不过，第一次全国海岛资源综合调查的有关技术规程和原则仍有可商榷、不严谨或难以操作之处。首先是海岛分类标准的适用性并不统一，成因、物质组成等 7 个标准的分类对象都是单个海岛，只有按形态分类例外——其分类对象是海岛的集合，分为群岛、列岛和岛 3 大类。其次是有些分类标准包含隐性的母项，却没有给予足够明确的界定。例如，划分有人岛和无人岛的标准是"有无人常住"，其中包含着"常住人口"这样一个隐性母项，但是连续居住多久算是海岛上的常住人口，不得而知。按所处位置分类，海岛可分为河口岛、湾内岛、海内岛和海外岛 4 种类型，这又涉及"河海划界"和"海湾"的界定及其范围的划分问题。

刘锡清和刘洪滨（2008）对当时已有的海岛成因分类系统进行过深入剖析，认为传统海岛分类系统存在以下三种问题。①已有分类不能包括所有的海洋岛屿，例如，俯冲作用产生增生楔形成的岛屿已经发现了上千例，但是"大陆岛—海洋岛—冲积岛"的三分法却不能涵盖这一类型。②已有分类存在不严密之处，例如，"海洋"与"大洋"在区域海洋学和海洋地理学的概念上是有区别的，但是"海洋岛"与"大洋岛"在现有海岛分类体系内是同义的；又如，"冲积岛"仅能准确表达河口沙岛，却不适宜用来描述砂坝——潟湖海岸的障壁岛。③已有分类不够系统，尤其是不能全面反映板块构造学说对大地构造与洋陆地貌成因的解释。他们提出了一套新的海岛成因分类体系，首先从板块构造理论出发，将海岛分为内生和外生两大系列，继而进一步细分出 6 个二级类、15 个三级类，即近岸大陆岛、隆起大陆岛、大陆火山岛、岛弧陆块岛、岛弧火山岛、俯冲增生岛、无震海岭火山岛、微型陆块岛、海山火山岛、中脊火山岛、构造断层岛、河口沙岛、障壁岛、侵蚀沙岛及珊瑚岛 15 个类型（表 1-2）。

表 1-2　海岛成因分类体系(刘锡清和刘洪滨，2008，略有改动)

一级类	二级类	三级类	实例
内生系列	大陆台阶	近岸大陆岛	舟山岛、纽芬兰岛
		隆起大陆岛	台湾岛
		大陆火山岛	涠洲岛
	岛弧与边缘海盆*	岛弧陆块岛	本州岛、苏门答腊岛
		岛弧火山岛	吐噶喇列岛、喀拉喀托岛
		俯冲增生岛	明打威岛、安达曼岛
		海山火山岛*	黄岩岛
	大洋盆地与微型陆块*	无震海岭火山岛	夏威夷岛、莱恩群岛
		微型陆块岛	格陵兰岛、塞舌尔群岛
		海山火山岛*	洛亚蒂群岛
	大洋中脊	中脊火山岛	冰岛、复活节岛
		构造断层岛	雷亚希赫多群岛
外生系列	泥沙堆积作用	河口沙岛	崇明岛、马拉若岛
		障壁岛	曹妃甸
		侵蚀沙岛	东沙岛
	生物堆积作用	珊瑚岛	南沙群岛、马尔代夫群岛

*岛弧与边缘海盆及大洋盆地与微型陆块都拥有三级类海山火山岛

《海岛保护法》实施之后，我们对于海岛有了新的认识，废弃 500m^2 为海岛陆地面积下限的规定，我国海岛可划分为特大岛(>2500km^2)、大岛(100～2500km^2)、中岛(5～100km^2)、小岛(500～5×10^{6}m^2)和微型岛(<500m^2)5 大类(夏小明等，2012)。有居民海岛和无居民海岛的分类标准也明确为是否属于户籍登记地：前者是指属于居民户籍管理的住址登记地的海岛，后者是指不属于居民户籍管理的住址登记地的海岛(国家海洋局，2016)。

二、海岛生态系统构成

生态系统是在一定的时间和空间范围内，由生物及其赖以生存的环境构成的整体，这一整体具有一定的结构(包括生产者、消费者、分解者和非生物组分)与大小，通过物质循环和能量流动相互联系，并具有自我组织和自我调整功能(陆健健，2003)。海岛与大陆被海水分隔，每个海岛都是一个独立而完整的生态环境地域系统。《海岛保护法》指出，海岛及其周边海域生态系统，是指由维持海岛存在的岛体、海岸线、沙滩、植被、淡水和周边海域等生物群落和非生物环境组成的有机复合体。

海岛生态系统具有独特性。1835 年，达尔文考察加拉帕戈斯群岛后发现，由于海洋的隔离，岛屿与大陆很难发生物种交流，不同的岛屿之间也存在物种差异。这一发现对于进化论具有重要的启迪意义。之后的研究者一直对岛屿生态系统的特殊性持有浓厚的兴趣(戴柏，2015)，他们关心的科学问题是：在岛屿这样相对隔离的生态系统中，生物的种类与数量是否有规律可循；这样的规律与大陆生态系统有何不同？经过长期的探索和积累之后，1967 年 MacArthur 和 Wilson 出版了《岛屿生物地理学原理》(*The Theory of Island Biogeography*)，用"平衡理论"回答了上述问题。他们认为，岛屿的物种数量取决于新物种迁入岛屿的过程和原有物种的灭绝过程，且物种迁入和灭绝的速率与岛屿上现存物种数量呈负相关：岛屿上生物种类越少，新物种迁入岛屿的速率就越快，而灭绝的速率正好与之相反；当迁入速率和物种的灭绝速率相等时，岛屿的物种数量可达到动态平衡(MacArthur and Wilson，1967)。这一理论简洁、定量，具有强大的解释能力，不仅能够用于研究海岛，还适用于其他孤立的生态系统(如戈壁、湖泊、沙漠、孤立雨林等)，在海岛生态系统研究史甚至整个生态学研究史上都具有划时代的意义(Losos and Ricklefs，2007)。

与大陆相比，海岛生态系统的物种更少、生态系统更为简单，这也意味着海岛生态系统更加脆弱，对外界环境的变化更加敏感，也容易遭到破坏。在生物进化过程中，海岛生态系统往往由于环境孤立进化出独特的物种，这些物种分布范围极其有限，一旦海岛的环境发生改变、受到破坏或有外来物种入侵，海岛的特有物种很容易灭绝。据不完全统计，自 17 世纪以来，已经灭绝的鸟类超过 93%属于海岛生态系统；从 16 世纪开始，记录在案的哺乳类动物灭绝案例中，约 81%的物种曾经栖息于海岛(戴柏，2015)。

从空间范围来看，海岛生态系统包括岛陆、岛滩和环岛近岸海域三部分(陈彬和俞炜炜，2006)。岛陆是海岛岸线以上的陆地区域，除风暴潮等极端天气事件外，几乎不受海洋动力影响。岛滩是位于海岛沿岸平均大潮高潮位和平均大潮低潮位之间的潮间带区域，周期性被海水淹没，一般以海岛岸线为上界、以环岛理论最低潮面为下界。环岛近岸海域位于海岛潮间带向海一侧，全天候受到海洋动力环境的影响，其外部界限尚无定论。随着认识的深入和海岛保护与管理的法规日渐完善，环岛近岸海域[①]的划分原则也在不断更新，常见的操作分为 4 类：①指定水深；②指定距离；③完整覆盖海岛周边的典型海洋生态系统；④完整覆盖海岛开发利用活动涉及的海域。第一次全国海岛资源综合调查，以海图等深线 20m 或 30m 为调查区域的外部界限；正常天气下，这个水深的海底沉积物较少受到海岸动力(潮汐、波浪)的影响。也有学者推荐以水深 6m 为海岛生态系统的海域范围外界，以便与滨海湿地的向海范围保持一致。由于我国大陆海岸线邻近的多数岛屿面积较小，在无居民海岛开发利用的实践中，亦有采用"海图 0m 线向海扩展 1~2km"作为环岛近岸海域的调查范围，这个范围的海域面积与其环绕的岛陆面积比较相称。我们建议，"指定距离"法还可以结合水下地形与地貌特征，以海岛岸线法向水下剖面的坡度发生明显转折处为起点，适当向海延伸一定距离，作为环岛近岸海域的范围。在生态文明理念的指导下，国家海洋行政主管部门在 2017 年底发文，认为海岛周边海域是覆盖于岛基上部的海域，以及无居民海岛开发利用所影响的其他海域，同时要求海岛生态系统调查需要考虑典型海洋生态系统的完整性，对于周边分布有珊瑚礁、红树林和海草床等典型生态系统的海岛，调查范围应外扩至典型生态系统分布的外边界(国家海洋局，2017a)。

多数学者倾向于将海岛生态系统划分为岛陆、岛滩和环岛近岸海域 3 个子系统，此

---

① "环岛近岸海域"特指潮间带以下的海域。此处使用"环岛近岸海域"而不是"环岛海域"，是因为海域包括潮间带，如果采用"环岛海域"的提法，会与"岛滩"在概念和空间范围两方面都发生重叠。

种划分方案与上文的按海岛空间范围划分方案一致。不过,有学者提出"岛基"的概念,认为岛基子系统是与岛陆、岛滩和环岛近岸海域并列的第 4 个海岛生态子系统。所谓岛基,是"海面以下海床以上的,自岛滩向海的岛陆自然延伸部分,是维持海岛存在的基础,岩性一般与岛陆岩性一致";在此基础上,环岛近岸海域的范围可由岛基来确定,即"覆盖于岛基上部的海域"(国家海洋局,2017a)。我们认为,岛基的概念具有海岛成因的内涵,对于需要加以保护的海岛(如易受侵蚀的堆积岛、领海基点所在海岛等)及海岛周边的海草床等典型海洋生态系统,这个概念能够在调查研究时提供具有全局观的指导;但是,将岛基作为单独的海岛生态子系统,与岛陆、岛滩和环岛近岸海域并列,则违反了分类的基本原则。首先,岛陆—岛滩—环岛近岸海域的三分法,是以海水淹没程度和海洋动力环境影响频度来划分的,3 个子系统的分界线是海岸线、平均大潮高低潮面等可测绘的高程或水深值,划分方法是垂直于海面进行切割;如果加入岛基生态子系统,它的定义是"岩性一般与岛陆岩性一致",则原有的划分标准——水深或高程不再适用,且划分方法是先要平行于海面切割出岛陆、再沿海水与底床界面切割出岛基,这就违反了分类标准和方法需要统一的原则。其次,岛基的定义与海域的定义有重叠之处。《海域使用管理法》规定,海域是指"内水、领海的水面、水体、海床和底土",这个定义并未限定海床和底土的深度,可以认为岛基是海域的一部分,即海床和底土,所以岛基子系统不能独立于岛滩和环岛近岸海域两个子系统。最后,岛基子系统的范围在调查研究的实践中不易量化。例如,若调查研究的对象是堆积岛,则岛陆与岛基的物质成分都是松散沉积物,在我国黄、东海的宽广陆架上,以黄河和长江等河流输入为代表的陆源沉积物覆盖的海域范围动辄延展数百千米(李家彪,2012),那么,堆积岛的岛基作为"向海的岛陆自然延伸部分",可以一直外扩至残留沉积的边缘,这样的范围显然偏大了。反之,如果针对基岩岛进行研究,又要面对两难的选择:基岩岛的岛基是大陆地壳的自然延伸,其范围即使以构造断裂为界,也相当可观;如果从海水下垫面的岩性来看,浙江沿海数千个基岩岛的环岛近岸海域几乎都被泥质和砂质沉积物覆盖,岛陆基岩延伸且在海底出露的范围又非常有限了。

我们认为,如果一定要将岛基作为海岛生态系统的一个组成部分,则划分标准应该界定为海陆界面和海水与沉积物界面,分为岛陆、环岛水体和岛基 3 个子系统:岛陆子系统位于海岛岸线以上,岛基子系统位于海岛岸线以下,包括环岛海域的海床和底土,周期性或全部被海水淹没,而环岛水体则介于海面和海底之间。这样的划分方案能避免岛基与海域两个术语在概念和空间上的重叠。不过,相较于岛陆和环岛水体,岛基的生物多样性和生物量显然要逊色许多。因此,岛陆—岛滩—环岛近岸海域的海岛生态子系统划分方案,仍然优于岛陆—岛基—环岛水体的方案。

三、海岛生态价值与海岛立法取向

生态系统服务是指生态系统形成和所维持的人类赖以生存的环境条件与效用(Daily,1997),包括支持、供给、调节和文化 4 个方面(MA,2005)。对生态系统服务的评价方法主要有两类:一类是物质量评价法,另一类是价值量评价法(赵景柱等,2000)。《全国主体功能区规划》给出了生态产品的定义,其实是用物质量对生态系统服务功能进行评价——"生态产品指维系生态安全、保障生态调节功能、提供良好人居环境的自然要素，包括清新的空气、清洁的水源和宜人的气候等。生态产品同农产品、工业品和服务产品一样，都是人类生存发展所必需的。生态功能区提供生态产品的主体功能主要体现在：吸收二氧化碳、制造氧气、涵养水源、保持水土、净化水质、防风固沙、调节气候、清洁空气、减少噪音、吸附粉尘、保护生物多样性、减轻自然灾害等"（国务院，2011）。几乎所有的科学家都认为，生态系统服务价值评价的最终目的是为决策者提供政策制定的依据，促进生态系统服务的可持续发挥（谢高地等，2006）。

将生态系统服务价值的理论带入海岛的研究，可以对海岛的生态价值得到如下认识。海岛生态系统服务同样体现为供给功能、调节功能、文化功能和支持功能四大类（林河山等，2011）。供给功能是指海岛生态系统为人类提供食品、原材料、氧气、基因资源等产品，从而满足和维持人类物质需要的功能。调节功能是指人类从海岛生态系统调节过程中获得的服务功能和效益，包括气候调节、废弃物处理、生物控制、干扰调节、土壤保持等方面。文化功能是指人们通过精神感受、知识获取、主观印象、消遣娱乐和美学体验等方式从海岛生态系统中获得的精神层面的收益。支持功能是保证海岛生态系统的物质功能、调节功能和文化功能正常发挥作用的基础，如营养物质循环、物种多样性维持、初级生产及生境提供等功能。

在《海岛保护法》颁布实施前，我国尚无一部法律对海岛生态保护问题做出较为全面的法律规范，也没有对破坏海岛的行为做出明确、具体的追究法律责任的规定。随着我国经济建设的快速发展，海洋经济也有了较快增长，同时，各类海洋、海岛利用活动不断增加，方式也不断出新，使得海岛生态系统甚至海洋生态系统遭受破坏的状况日益严重，导致我国海岛的生态服务功能处于下降通道。这样的事实向立法机关提出了如何更有效规范利用海岛、保护海岛及海洋生态系统的问题，这是我国制定《海岛保护法》的最主要原因（翟勇，2010）。

2009 年底，《海岛保护法》颁布，并于 2010 年 3 月 1 日起实施。根据全国人大权威人士的解读（张宗堂等，2009），《海岛保护法》"是一部以保护海岛生态为目的的海洋法律，从制度设计和具体内容而言，都不涉及海岛主权问题，是在主权既定前提下的一部保护海岛生态的行政法。"海岛保护立法的核心目的是"保护海岛及其周边海域生态系统，合理开发利用海岛自然资源，维护国家海洋权益，促进经济社会可持续发展"。同时我们也应该清醒地认识到，海岛立法是国家对海岛价值取向或价值模式的法律化。有学者观察到，《海岛保护法》的立法实践，实质上走向了海岛保护模式，这一价值取向对于维护生态系统的平衡和生物多样性具有重要意义，但是有时此种对环境的保护是以抑制经济发展为代价的（周学锋，2009）。

2016 年，为全面推进海洋生态文明建设，切实加强海洋资源管理和海洋生态环境保护，我国建立和实施国家海洋督查制度（国家海洋局，2017b）。从已经披露的海洋围垦专项督查情况来看，存在的问题主要表现为"近岸海域生态环境质量问题突出""围填海管控措施和力度有待进一步加强""沿海经济社会快速发展与海洋资源环境承载能力之间的矛盾依然突出"等。这些情况表明，即使有法可依，海洋生态文明建设依然任重道远。

第二节 海岛规划

一、规划的概念、层级及"多规合一"

规划是制定未来行动计划的过程，包含三个核心要素：一是确定未来要实现的目标，二是明确实现目标需要哪些具有可操作性的步骤，三是在保障预期目标的前提下、对规划的有效性和相关措施是否落实到位进行评估和监管(罗伯特·凯和杰奎琳·奥德，2010)。简单而言，规划具有可量化、可操作、可审查三个要素。绝大多数的规划以战略或业务为特征。战略规划是规划的最高层级，要确定宽泛的目标、提供计划的框架、概述涉及的方法；相比之下，业务规划要提出具体的目标、明确实现基本管理活动的方向、对实现目标所涉及的行动进行详细描述，规划内容包括众多技术细节(罗伯特·凯和杰奎琳·奥德，2010)。

空间规划是国家空间发展的指南、可持续发展的空间蓝图，是各类开发建设活动的基本依据；空间规划分为国家、省、市县三级(中共中央和国务院，2015)。经过几十年的发展，我国基本建立了一个由纵向逐级规划(与行政区划有关)和横向并行规划(与部门管理有关)组成的多级多类的空间规划网状体系(王鸣岐和杨潇，2017)。但是，这种网状的空间规划体系缺乏"顶层规划"的统筹引领，纵向多级，横向多头，规划种类繁多，编制和管理各自为政，存在规划内容交叉重复、空间布局矛盾冲突等问题。解决上述问题的关键是"多规合一"：要把空间领域的"总纲领、总格局、总管控"有机统一起来，建立分工清晰的空间规划体系和权威高效的规划协调机制，对各类规划进行统筹细分和衔接协调(黄勇等，2018)。《国民经济和社会发展第十三个五年规划纲要》提出，要"建立国家空间规划体系，以主体功能区规划为基础统筹各类空间性规划，推进'多规合一'"。

对于"多规合一"的认识，正在实践中继续深化。我国现行的空间规划主要有4类：主体功能区规划、土地利用总体规划、城乡规划和生态功能区划，分别由国家发展改革委、国土资源部、住房和城乡建设部和环境保护部负责组织编制。早期认为，"多规合一"就是"三规合一"(即国民经济和社会发展规划、城市发展总体规划和土地利用总体规划)，后来又加上生态环境保护规划，于是变成"四规合一"。2014年，国家发展改革委、国土资源部、环境保护部及住房和城乡建设部四部委联合下发《关于开展市县"多规合一"试点工作的通知》，正是上述4类规划的主管部委"联席办公"的结果，旨在解决"四规打架"现象，实现一个市县一本规划、一张蓝图，解决现有各类规划自成体系、内容冲突、缺乏衔接等问题。由于各部委仍以各自负责的空间规划为主，因此规划的标准、流程都无法统一，进行"多规合一"的试点工作效果并不理想。

2015年9月11日，中共中央、国务院审议通过了《生态文明体制改革总体方案》，部署建立空间规划体系和统一规范的空间规划编制机制，编制统一的空间规划，实现规划全覆盖。由此可见，"多规合一"的目标已经由过去的"统一的规划体系"回归为"统一的空间规划体系"，这明确了"多规合一"的对象是空间规划，也就明确了"多规合一"与空间规划的关系。在此基础上，2017年1月印发的《省级空间规划试点方案》提出，要"以主体功能区规划为基础，全面摸清并分析国土空间本底条件，划定城镇、农业、生态空间以及生态保护红线、永久基本农田、城镇开发边界(以下简称'三区三线')，注重开发强度管控和主要控制线落地，统筹各类空间性规划，编制统一的省级空间规划，为实现'多规合一'、建立健全国土空间开发保护制度积累经验、提供示范"(中共中央和国务院，2017)。编制空间规划、构建空间规划体系是目标，推进"多规合一"是手段、是过程，开展省级空间规划试点是省域"多规合一"试点。

2018年3月，国务院机构改革方案通过，决定新组建自然资源部，统一行使所有国土空间用途管制职责。自然资源部整合了国土资源部等8个部、委、局的规划编制和资源管理职能，将负责全国960万km²陆地和300万km²海洋上的所有自然资源的空间规划和数量监管。自然资源部的组建，从根本上打通了空间规划的编制与实施的行政通路，标志着历经数年不懈推动的空间规划体制改革取得了重大突破，成功迈出了"多规合一"改革的第一步。

二、我国海岛规划体系

海岛保护规划制度是海岛海岸带管理的重要手段，在世界上多个沿海国家均有实施，但方式各异，有的以海岛或海岛保护区规划的方式实施，有的则体现在海域的综合性海洋管理中(张志卫等，2015)。海岛作为空间资源，其规划体系从属于海洋空间规划。由于中国在传统上是一个陆基国度，所以我国的海洋规划体系经历了从无到有、从附属陆域到自身独立的复杂变革，如今的海洋与陆域规划是一对并联的体系。海洋功能区划、海岛保护规划及海洋主体功能区规划等海洋空间规划的基本要求是与陆域相关空间规划保持协调、互相衔接。海洋空间规划的主导形态依然是纵向控制，不过横向上尚未达成理想的无缝衔接，具体表现为海洋规划之间内容相互重叠、各涉海规划部门盘根错节、海洋空间事权分散在各类海洋规划中(刘大海等，2011；王鸣岐和杨潇，2017)(图1-2)。

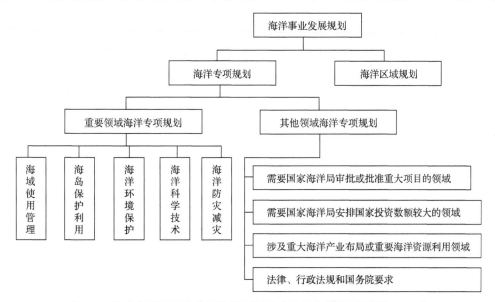

图1-2　海岛保护规划在我国海洋规划体系中的定位(刘大海等，2011)

《海岛保护法》规定，国家实行海岛保护规划制度，海岛保护规划是从事海岛保护、利用活动的依据。我国的海岛保护规划制度分为四级三类：四级是指全国、省（自治区、直辖市）、市、县四级海岛保护规划体系，三类是指全国及沿海省、自治区政府组织编制海岛保护规划，沿海直辖市及沿海城市、县、镇政府组织编制海岛保护专项规划并纳入城市和镇总体规划，沿海县级人民政府可以组织编制可利用无居民海岛的保护和利用规划。

位于顶端的是《全国海岛保护规划》，是引导全社会保护和合理利用海岛资源的纲领性文件，是从事海岛保护、利用活动的依据。《全国海岛保护规划》于 2012 年经国务院批准，全面分析了当前海岛保护与利用的现状、存在的问题和面临的形势，明确了海岛分类、分区保护的具体要求，确定了海岛资源和生态调查评估、领海基点海岛保护、海岛生态修复等 10 项重点工程，并在组织领导、法制建设、能力建设、公众参与、工程管理和资金保障方面提出了具体保障措施。根据《全国海岛保护规划》，中国海岛分为黄渤海区、东海区、南海区和港澳台区 4 个一级区与 17 个二级区进行保护。海岛分类管理是制定海岛保护规划的基本原则，我国海岛实行统一分类体系，计三级十五类海岛（表 1-3）。一级分类按海岛社会属性划分为有居民海岛和无居民海岛；二级分类主要考虑海岛开发利用强度，在有居民海岛上划分出特殊用途区域和优化开发区域，将无居民海岛分为特殊保护类、一般保护类和适度利用类；三级分类主要考虑海岛的主导用途。

表 1-3 海岛分类保护体系及说明（国家海洋局，2011a）

一级类	二级类	三级类	说明
有居民海岛	特殊用途区域	—	设置在有居民海岛上的领海基点、国防设施、海洋自然保护区所划定的保护区域
	优化开发区域	—	有居民海岛上除特殊用途区域之外的区域
无居民海岛	特殊保护类	领海基点所在海岛	领海基点所依存的无居民海岛或者低潮高地
		国防用途海岛	以国防为使用目的的无居民海岛
		海洋自然保护区内海岛	位于国家和地方自然保护区内的无居民海岛
	一般保护类	保留类海岛	目前不具备开发利用条件，以保护为主，或者难以判定其用途的无居民海岛
	适度利用类	旅游娱乐用岛	以开发利用海岛旅游资源、开展休闲旅游活动为目的的无居民海岛
		交通运输用岛	为满足港口、路桥、隧道、航运等交通设施建设及功能所使用的无居民海岛
		工业用岛	开展工业生产所使用的无居民海岛。包括盐业、固体矿产开采、油气开采、船舶工业、电力工业、海水综合利用及其他工业用岛
		仓储用岛	用于建设存储或堆放生产物资及生活物资的库房、堆场和包装加工车间及其附属设施所使用的无居民海岛
		渔业用岛	开发利用海岛周边海域的渔业资源、开展海洋渔业生产所使用的无居民海岛。包括渔业基础设施建设和围海养殖用岛
		农林牧业用岛	开展农、林、牧业开发利用活动的无居民海岛
		可再生能源用岛	开发利用海岛可再生能源所使用的无居民海岛。包括风能、太阳能、地热能和海洋能等
		城乡建设用岛	城乡建设活动使用的无居民海岛。包括因填海造地使得无居民海岛与大陆或者有居民海岛连成一片，或者将居民户籍住址登记地迁往无居民海岛等用岛活动
		公共服务用岛	科研、教育、监测、助航导航等非经营性公用基础设施建设，气象观测、海洋监测和地震监测等公益事业使用的无居民海岛

省级政府的海岛保护规划总体上向《全国海岛保护规划》看齐，要根据海岛的区位、资源与环境、保护与利用现状、基础设施条件等特征，兼顾保护与发展实际，对省内海岛实施分类保护与管理。如有必要进行分区管理，应确定分区依据，论述各分区的状况、范围、功能定位和发展方向，明确各海岛分区保护的措施和要求。在具体的形式上，多以一套规划统领全省的海岛保护工作；也有根据实际工作需要制定多个规划的，如浙江省。

浙江省辖区内的海岛数量占全国的 40%左右，居沿海省(自治区、直辖市)首位，海岛保护与管理工作也一直走在前列。2011 年，浙江省政府先后印发了两部海岛保护规划：《浙江省重要海岛开发利用与保护规划》和《浙江省无居民海岛保护与利用规划》。《浙江省重要海岛开发利用与保护规划》提出了"重要海岛"概念，立足海岛自然资源条件，重点考虑了综合利用、港口物流、临港工业、清洁能源、滨海旅游、现代渔业、海洋科教和海洋生态 8 个方向的海岛主导功能，实施重要海岛分类开发与保护，为建立健全符合实际、科学规范的海岛开发与管理制度进行了有益的探索。《浙江省无居民海岛保护与利用规划》则提出了"无居民海岛岛群"的概念，提出了适用该省情况的无居民海岛分类体系(表 1-4)，计 3 个大类(一级类)、14 个小类(二级类)；规划的重点是对"无居民海岛岛群"进行总体上的功能定位和发展指引(表 1-5)，各个具体无居民海岛的功能用途和详细发展要求则在下属地市、县(市、区)级规划中予以明确(浙江省人民政府，2013)。值得注意的是，浙江省两部海岛保护与利用规划的颁布时间介于《海岛保护法》实施之后、《全国海岛保护规划》获批之前，在规划形式、重要概念、分类体系等多方面体现了一个海岛大省对海岛保护工作的认识，对于其他沿海省(自治区、直辖市)的海岛保护工作具有借鉴意义。

表 1-4　浙江省无居民海岛规划功能分类表

| 一级类 | | | 二级类 | | |
名称	代码	分类内容	名称	代码	分类内容
保护类海岛	1	在维护国家海洋权益和保障国家海上安全方面具有重要价值，或指在已建或待建海洋自然保护区、海洋特别保护区范围内，以及具有其他特殊功能的无居民海岛	国家权益类	1.1	包括我国领海基点所在海岛、主权归属存在争议岛屿，以及其他具有重要政治利益、经济利益的无居民海岛
			海洋自然保护类	1.2	位于已建或待建的海洋自然保护区内的无居民海岛，岛屿及岛屿周围海域具有典型的海洋生态系统、高度丰富的海洋生物多样性，以及珍稀濒危动植物物种集中分布地等
			自然遗迹和非生物资源保护类	1.3	岛屿及岛屿周围海域具有重大科学文化价值的海洋自然遗迹(如具有独特海洋地质地貌资源的海域、海岸、岛屿、湿地等)与海洋文化遗存(如古代沉船、历史文物、古代建筑遗址等)，而需保护的无居民海岛
			海洋特别保护类	1.4	位于已建或待建的海洋特别保护区内的无居民海岛，岛屿及岛屿周围海域具有典型海洋生态系统和重要生态服务功能；或是资源密度大且类型复杂、相关涉海产业多、开发强度高，需协调管理；或是海洋资源与生态环境亟待恢复、修复和整治等
			重要渔业品种保护类	1.5	周围海域具有一定渔业资源，或重要的产卵场、索诱场的无居民海岛

续表

一级类			二级类		
名称	代码	分类内容	名称	代码	分类内容
利用类海岛	2	规划期内，因岛屿及岛屿周围海域具有较为丰富的港口、岸线、滩涂、旅游、生物、矿产、土地、景观等方面的资源，根据当地经济、社会发展的需要，进行适度开发建设的无居民海岛	围海(涂)类	2.1	因围海、围涂工程建设的需要，与周边岛屿或陆地相连，部分改变海岛属性与功能的无居民海岛
			港口与工业类	2.2	利用海岛实施港口航运、仓储中转、临港工业等项目开发的无居民海岛
			工程类	2.3	利用岛屿建设跨海桥梁、防波堤、海底物质输送管道、海底供水管道、电力供应设施、海底信息光缆等工程，或是开放利用海洋能、风能等能源工程，或是建设导航、禁航、测量基点、通信塔台等设施的无居民海岛
			渔业类	2.4	利用岛屿建设围塘养殖场和管理人员、鱼汛期渔民的临时居住设施，以及利用岛屿周围海域实施水产养殖、繁育的无居民海岛
			农林牧类	2.5	气候、土壤、淡水资源等适合农、林、牧业开发利用的无居民海岛
			旅游类	2.6	利用岛屿及岛屿周围海域进行观光旅游、休闲旅游，以及适度建设旅游接待所需的宾馆、码头、商业设施的无居民海岛
			科学实验类	2.7	利用岛屿及岛屿周边海域实施物种引种、培育示范，以及进行海洋水文、气象观测的无居民海岛
			特殊开发类	2.8	利用岛屿作为临时救助站、接待站、危险品储存站、垃圾处理站等用途的无居民海岛
保留类海岛	3	规划期限内，以目前的技术手段和认识水平，难以判别其资源禀赋优势而进行开发功能定位的无居民海岛	保留类	3.1	规划期限内，以目前的技术手段和认识水平，难以判别其资源禀赋优势而进行开发功能定位的无居民海岛

注：军事保护类无居民海岛按照相关要求，列入保留类，不单独明确

表 1-5　浙江省各类无居民海岛岛群内海岛功能设置要求

无居民海岛岛群类型		海岛保护兼容性		
		特殊保护型	一般保护型	适度利用型
保护类海岛	国家权益类	●	×	×
	海洋自然保护类	●	×	×
	自然遗迹和非生物资源保护类	●	×	×
	海洋特别保护类	●	×	×
	重要渔业品种保护类	●	○	×
利用类海岛	围海(涂)类	×	◇	○
	港口与工业类	×	◇	●
	工程类	◇	◇	●
	渔业类	◇	●	○
	农林牧类	◇	●	○
	旅游类	◇	●	●
	科学实验类	○	○	○
	特殊开发类	◇	○	○
保留类海岛	保留类	○	●	●

注：●指在岛群内鼓励设置的海岛类型；○指在岛群内允许设置的海岛类型；◇指在岛群内经过严格论证对岛群主导功能无大的影响，可允许少量设置的海岛类型；×指在岛群内不允许设置的海岛类型

《海岛保护法》实施之后，沿海城市海岛保护专项规划与城市总体规划的关系是我国空间规划领域需要面对的热点问题。青岛市针对其滨海城市特点，将海岸带规划和综合管理向蓝海领域进行延伸和拓展，进行了有益的探索。首先，委托中国城市规划设计研究院深圳分院编制了《青岛市近海岛屿保护与利用规划》，委托国家海洋局第一海洋研究所①编制了《青岛市无居民海岛保护与利用规划》。《青岛市近海岛屿保护与利用规划》采取"资源评价—保护与利用总体规划—岛群与重点岛屿规划指引"路线，首先，梳理开发与保护的关系，明确了海岛"底"（开发底限）与"图"（图谋利益）的关系，先"底"后"图"地划定禁止建设、限制建设、适宜建设 3 种海岛保护类型；其次，强调保护海岛的社会人文环境，原则上不搬迁海岛原住民，提出建设和谐海岛、合理引导原住岛民的经济生产方式，实现当地社会、经济的可持续发展；最后，践行管理结合规划的理念，由总体规划、海岛指引、相关标准 3 部分组成的成果既是规划，又是管理文件，使海岛的保护与利用具有依据性与可操作性（刘雷和林楚燕，2012）。《青岛市无居民海岛保护与利用规划》则在国家和省级海岛保护规划的基础上"因岛制宜"，进一步确定了全市 67 个主要无居民海岛的主导功能，划定了 5 个海岛区和 20 个海岛组团，明确将旅游业和农林牧渔业作为近期无居民海岛开发的主要方向（李倚慰，2014）。2015 年 11 月，青岛市又印发了《青岛市海域和海岸带保护利用规划》，从承担全国蓝色经济发展示范任务的高度，提出海域和海岸带保护、开发与管理的新思路、新途径和新模式，结合城市空间发展战略，统筹规划空间的保护利用格局（青岛市发展和改革委员会，2015）。该规划的亮点是践行陆海统筹及海岸带一体化管理的理念，结合陆域相关规划和海洋功能区划，划定了海岸带空间范围（包括近岸陆域和近岸海域两部分），囊括了青岛市下辖全部海岛。在此基础上，青岛市于 2016 年组织实施《青岛市海岛保护规划（2014-2020 年）》，成为我国首批公布批复的市级海岛保护规划。该规划统筹考虑了"陆、海、岛"的保护和利用，以海岛为节点构筑"一带两区六组团"的海岛空间总体布局；确定了青岛市海岛功能分类体系，将其划分为 2 个一级类、5 个二级类、8 个三级类；在国内首次构建了针对单个海岛的"点、线、面"结合的多层次管控体系，将海岛保护落实到具体空间（青岛市海洋发展局，2016）。

无居民海岛保护和利用规划是海岛规划体系的最低层级规划，是对拟开发利用的无居民海岛编制的单岛保护和利用规划。规划的核心是建立海岛和岸线的保护与利用空间分区体系，明确海岛和岸线保护的目标，划定保护范围、保护岸线，提出相应保护要求；明确开发利用的控制指标，提出用岛开发建设强度要求，规定建筑物设施建设控制要求。规划要划定单岛保护区的范围、明确保护对象、提出保护的具体措施并规范海岛开发活动。原则上，单岛保护区可以根据实际情况设定一处或多处，甚至包括部分周边海域，但是面积不小于单岛总面积的 1/3。单岛保护区保护的主要对象包括有研究和生态价值的草本和木本植物、珍稀动物，航标、名胜古迹等人工建筑物，特殊地质或景观的地形地貌及海岸线、沙滩等重要的海岛资源（国家海洋局，2011b）。

---

① 因政府机构改革等，国家海洋局第一海洋研究所更名为自然资源部第一海洋研究所。

三、区域性海岛规划

海岛保护规划是从事有居民海岛生态保护和无居民海岛保护与利用活动的依据。《海岛保护法》规定了海岛保护规划的编制主体和规划内容，包括全国海岛保护规划，省域海岛保护规划和直辖市海岛保护专项规划，沿海城市、镇海岛保护专项规划和县域海岛保护规划，可利用无居民海岛的保护和利用规划。法律规定的海岛保护规划制度，基本框架是以行政区划为基准；已经批准实施的各类海岛规划，也未跨越行政区划的界限。

但是，在实际的社会管理和经济发展实践中，由于地域的便利和资源的互补，经常出现跨行政区域的海岛使用现象。例如，上海是中国大陆最大的港口、重点建设的"国际航运中心"，境内却没有能够参与东北亚港口竞争的深水港址。经过六年的反复、慎重论证，2002 年 6 月，上海跳出长江口，在距上海市南汇区芦潮港约 30km 的浙江省嵊泗县洋山岛开建深水港。2008 年 12 月，洋山港深水港区建成三期工程，岸线全长 5.6km，拥有集装箱泊位 16 个，集装箱设计年吞吐能力 930 万 TEU。2017 年 12 月，洋山港四期码头正式开港，成为全球最大的单体自动化智能码头，新增码头 2350m、集装箱泊位 7 个，设计年通过能力初期为 400 万 TEU。洋山港的辉煌崛起，成就了上海成为"东方大港"的梦想，是上海港集装箱吞吐量自 2010 年起连续稳居世界第一的关键因素(谢卫群和沈文敏，2017)。在洋山港建港之初，国务院就决策，洋山港在行政区划上隶属于浙江，但委托上海经营管理。这是沪浙两地合作开发海岛深水岸线资源、优势互补的一大创举。

又如，杭州湾东北部的滩浒山岛隶属于浙江省嵊泗县洋山镇，但是距上海市奉贤区海湾旅游区只有 12n mile。奉贤区政府为了丰富海湾旅游区的旅游资源、增加其吸引力，与嵊泗县政府联手合作、共同开发。自 2012 年起，登岛交通由上海方面负责，滩浒山岛旅游规划编制、度假山庄建设及岛上居民安置等工作业已开展。上海市奉贤区与浙江省嵊泗县合作开发滩浒山岛，也是一件利国利民、三方得益的好事。

跨行政区域的空间规划是社会经济发展对空间资源的行政管理提出的新需求。浙江省曾在编制新一轮市县级海洋功能区划的同时，部署杭州湾、象山港、三门湾及乐清湾等编制跨县(市、区)行政区的海洋功能区划编制任务，目的是从自然地理单元的完整性和海域自然属性的主导功能出发，对涉及上述"一港三湾"的县(市、区)级海洋功能区划进行总量统筹、问题协调和生态管控。

值得一提的是，早在 2010 年起，国家海岛开发与管理中心就在海岛规划公益项目的支持下进行了杭州湾区域海岛规划的编制工作，这是《海岛保护法》实施以来我国首次进行跨行政区域的海岛规划的尝试。在进行杭州湾区域海岛规划工作时，从陆海联动、依陆兴海、海陆统筹的原则出发，充分吸纳《全国主体功能区规划》《全国海岛保护规划》《长江三角洲地区区域规划》《浙江海洋经济发展示范区规划》等超越省级行政区的国家级规划的精神，将杭州湾的海岛视为一个整体，突出杭州湾海岛的基本功能——滨海旅游、湿地保护、临港工业，兼顾农渔业发展；重点处理杭州湾区域发展的海陆关系、开发海洋资源与保护海洋环境的关系，而淡化行政区划的条块影响。在此基础上，与沪浙两地的有关规划进行了充分衔接，将杭州湾海岛划分出 7 个岛群进行分类保护，提出了规划目标，并对三个重点海岛进行了单岛保护与利用规划。

2017年中共中央办公厅、国务院办公厅印发的《省级空间规划试点方案》指出，编制空间规划在围绕重点发展要求的前提下，要"统筹协调平衡跨行政区域的空间布局安排，并在空间规划底图上进行有机叠加，形成空间布局总图"(中共中央和国务院，2017)。这个精神与上述区域性涉海空间规划及区划的工作要求不谋而合。

第三节 无居民海岛开发利用

一、国外无居民海岛管理与开发利用

目前各国对无居民海岛的开发与管理，可分为三种模式(图1-3)。

第一种是开发模式。国外对地理位置偏远、资源匮乏的岛屿，多采用开发模式，以充分利用海岛资源，优先发展经济，其典型代表是日本。20世纪70年代，日本先后出台了《日本孤岛振兴法》和《日本孤岛振兴实行令》，该法律与实行令适用于远离日本本土"与世隔绝"的孤岛，非常明确具体地规定了孤岛的振兴计划及国家的经费投入。

第二种是保护模式。其制度设计主要着眼于对岛上的生物多样性、生态环境及各种资源，尤其是不可再生资源的保护。美国、澳大利亚、加拿大等国对海岛上有珍稀物种或历史遗迹的岛屿，往往采用保护模式。美国得克萨斯州的山姆洛克岛管理计划和佛罗里达州的威顿岛保护方案、澳大利亚的罗特内斯特岛的管理计划都属此列。

第三种是兼开发模式与保护模式。例如，澳大利亚的《劳德哈伍岛法》既详细规定了对岛上土地的利用，又注重对岛上资源的保护和管理。

就无居民海岛开发而言，印度洋岛国马尔代夫堪称典范。马尔代夫群岛由26组珊瑚环礁和近1190座岛屿构成，这些珊瑚环礁通常被分割为5～10座有人岛和20～60座无人岛。1980年起，马尔代夫制定了海岛开发计划，该计划根据不同岛屿的具体情况，拟订不同的政策措施和相应的开发时间、规模和方式。每一个无居民海岛的开发，均先由一个经济主体(投资公司)向政府租赁一个无居民海岛，在海岛上建一家酒店，以完整、独立、封闭式的度假村模式经营发展。这种一岛一店"小、清、静"的开发模式取得极大成功，海岛旅游独领风骚，被称为海岛开发的"马尔代夫模式"。

世界上很多无居民海岛具有开发旅游或私人度假的潜能。鉴于此，美国、加拿大、英国、荷兰、法国、瑞典、澳大利亚等国已制定了有关无居民海岛开发与保护的管理法规。美国普遍采用出租的办法行使无居民海岛使用权。英国的无居民海岛名义上都归英国皇室所有，皇室一般是将海岛出租给私人，由私人开发后再进入市场；租期届满时，私人修建的建筑物无偿归属无居民海岛所有者，所有者可将其转租。在澳大利亚，政府向企业及个人提供无居民海岛的重要方式也是出租，租约必须符合规划，并需要获得批准；如无居民海岛改变用途需事先申请，经批准后重新订立租约，如擅自改变用途，政府有权收回海岛。

在新加坡，无居民海岛可以定期出租。政府将一定年期的无居民海岛使用权转让给使用者，使用者接着可自由转让和转租，但年期不变。使用年期届满，政府即收回海岛，岛上建筑物也无偿归政府所有。到期后如要继续使用，可向政府申请。经批准可再获得一个规定年限的使用期，但必须按当时的市价重新付钱，相当于重新租岛。

泰国法律不允许外国人永远持有岛屿等资产，除非进行了足够的投资或在泰国银行存入了足够的保证金。否则，到期前可以续展30年出租期，一般每期前可以续展两次。每次30年，到期前必须提前付款。例如，泰国法律对当地人购买房地产的限制很多，例如，泰国法律对外国人购买不允许购买已经有建筑的土地等

外国人在马来西亚购买房地产受到法律严格的限制，只有容许在出售给外商投资者名录上的无人岛屿才可以出售给外商投资者。而且此类合同必须取得马来西亚对当地土著居民生存所需的审批。马来西亚政府还注非常注重对当地土著居民生存的保护，保留地覆盖的岛屿不允许外国人购买

澳大利亚可以提供给私人的岛屿大部分集中在著名的大堡礁附近的昆士兰州。不过这些岛屿基本上只能租不能买，出租年限一般为99年。外国人在澳大利亚购买岛屿或者租赁岛屿时，应当通过外商投资委员会的审查

为吸引国外投资，法国鼓励外国人购买无人岛，政府甚至提供售后回租的服务，但为了查清与岛屿有关的法律事项，公证人须地核实资料，这一过程往往不仅其频地核实资料，这一过程往往要花上几个月

在西班牙，岛屿可以终身持有。西班牙法律对外国人购买较小的岛屿没有限制，但是不允许在岛屿上兴建建筑，因此已经开发或者已经有建筑的岛屿才是大多数投资者的选择

外国人在意大利买岛并无特殊限制，但有两个问题值得注意：一是各种收费奇高，购岛花费可能占到总金额的20%；二是按照意大利法律，债务是与房产紧密关联的，因此，购买有债务缠身的岛屿的客户，应为所购岛屿做有债务纠纷的工作

美国人是世界上最大的无人岛购买群体。私有土地买卖手续十分简单，在双方自愿签订协议之后，只需向政府缴足税金，进行注册登记即可。除了个别州制定了外国人投资不动产的指导规则，外国人可以自由在美国永久持有不动产，尤其是类似于无人岛这样的资产

除了对特殊资产的限制，巴西政府允许外国人长期持有房地产、意图购买岛屿的外国人一般应当咨询专业人士，查清该岛是否靠近国家安全有关的区域，因为一般此类地方的岛屿是不允许购买卖的。此外，外国人在巴西购买岛屿时应提交一个社会保险号码

图1-3　各国海岛开发模式举要(王障和张池，2011)

印度尼西亚是世界上最大的群岛国，有约 1.7 万个岛屿。目前，印度尼西亚政府鼓励外国投资商租用其无居民海岛，以发展岛屿经济。印度尼西亚政府表示，将给无居民海岛租用者减税并提供其他一些优惠政策，租用者可在 30 年内拥有岛屿的使用权，30年后还可申请延期。

二、《海岛保护法》实施后我国无居民海岛开发利用概述

我国是海洋大国，岛屿众多。无居民海岛具有重要的政治、军事、经济、社会、生态和科研价值。《海岛保护法》实施前，大部分无居民海岛无偿或低偿使用，不仅造成国有资源性资产流失，还影响了海岛资源的持续利用和有效保护，甚至威胁国防安全和国家权益。2010 年 3 月 1 日起，《海岛保护法》正式实施，规定无居民海岛属于国家所有，并确立了无居民海岛有偿使用制度。为了科学合理地开发利用无居民海岛、减少不利影响，国家建立了一系列规章制度来规范和管理，要求单位和个人提出用岛申请后，必须按照各级政府颁布的海岛保护规划(包括全国海岛保护规划、省域海岛保护规划和直辖市海岛保护专项规划，沿海城市、县、镇海岛保护专项规划等)，对拟开发的海岛编制详细的开发利用具体方案，再经专家进行充分论证认可、报国务院或省级人民政府批准后，才能取得无居民海岛使用权。

2011 年 4 月 12 日，国家海洋局联合沿海有关省、自治区海洋厅(局)召开新闻发布会，向社会公布我国第一批开发利用无居民海岛名录。该名录涉及辽宁、山东、江苏、浙江、福建、广东、广西、海南 8 个沿海省(自治区)，共计 176 个无居民海岛，可开发用途涉及旅游娱乐、交通运输、工业、仓储、渔业、农林牧业、可再生能源、城乡建设、公共服务等多个领域。第一批无居民海岛开发利用名录和申请使用审批办法及其配套规定出台后，招致一些学者的批评(朱锦杰和叶攀，2011)。他们认为，《海岛保护法》立法的初衷和最终目的，在于将无居民海岛纳入海洋行政主管部门的统一管理，从而更好地保护无居民海岛及其周边生态系统；但在《海岛保护法》实施阶段的初期，海岛保护立法的原意并没有体现在后续的配套措施中，似乎仅仅落在无居民海岛的开发利用上，这种有所偏颇的政策指引并不利于保障海岛立法的初衷。

2018 年，自然资源部组建，开启生态文明体制改革和全民所有自然资源资产有偿使用制度的改革，发布了《关于海域、无居民海岛有偿使用的意见》(国家海洋局，2018)，针对无居民海岛资源的保护提出如下意见。

(1)严格落实海洋国土空间生态保护红线，以生态保护优先和资源合理利用为导向，对需要严格保护的海域、无居民海岛，严禁开发利用；对可开发利用的海域、无居民海岛，通过有偿使用达到尽可能少用的目的。

(2)制定并发布海岛保护、可开发利用无居民海岛名录。禁止开发利用区域包括：领海基点保护范围内的海岛区域，海洋自然保护区内的核心区及缓冲区、海洋特别保护区内的重点保护区和预留区、具有特殊保护价值的无居民海岛。开展无居民海岛岸线勘测，严控海岛自然岸线开发利用，严守海岛自然岸线保有率，保持现有砂质岸线长度不变。

(3)严格执行海洋主体功能区规划，完善海洋功能区划和海岛保护规划，对优化开发区域、重点开发区域、限制开发区域的海域、无居民海岛利用制定差别化产业准入目录，

实施差别化供给政策。将生态环境损害成本纳入海域、无居民海岛资源价格形成机制，利用价格杠杆促进用海用岛的生态环保投入。提高占用自然岸线、城镇建设填海、填海连岛、严重改变海岛自然地形地貌等对生态环境影响较大的用海用岛使用金征收标准。制定生态用海用岛相关标准规范，对不符合生态要求的用海用岛，不予批准。

截至 2016 年底，全国依据《海岛保护法》共批准开发利用无居民海岛 17 个，用岛总面积约 1762hm^2 (表 1-6)。

表 1-6 2011～2016 年依法批准无居民海岛开发利用情况

序号	海岛名称	主导用途	用岛面积(hm^2)	批准年份	省(自治区)
1	大笔架山	旅游娱乐	3.19	2011	辽宁
2	西沙坨子岛	渔业开发	1.42	2013	辽宁
3	空坨子	渔业开发	0.06	2015	辽宁
4	祥云岛	旅游娱乐	1492.77	2011	河北
5	桃花岛	旅游娱乐	0.40	2012	山东
6	旦门山岛	旅游娱乐	101.81	2011	浙江
7	大羊屿	旅游娱乐	26.54	2013	浙江
8	扁鳗屿	公共服务	0.18	2015	浙江
9	箭屿	旅游娱乐	1.51	2013	福建
10	小岁屿	交通运输	8.67	2012	福建
11	连江洋屿	旅游娱乐	8.43	2012	福建
12	东埔石岛	工业仓储	5.12	2015	福建
13	大三洲	旅游娱乐	1.50	2013	广东
14	小三洲	旅游娱乐	1.73	2013	广东
15	三角岛	公共服务	96.51	2016	广东
16	大娥眉岭	交通运输	0.95	2011	广西
17	东锣岛	旅游娱乐	11.36	2012	海南

注：数据引自《2016 年海岛统计调查公报》(国家海洋局，2017d)

三、无居民海岛的主体功能

《全国海岛保护规划》规定，无居民海岛应当优先保护、适度利用，并对适度利用类和一般保护类无居民海岛根据其主导功能提出了要求(国家海洋局，2012)。在这个规划出台之时，国务院已于 2007 年印发了《关于编制全国主体功能区规划的意见》(国务院，2007)。国土空间的主体功能由我国学者首先提出，已经应用于各级政府编制的主体功能区规划。《全国主体功能区规划》指出，"一定的国土空间具有多种功能，但必有一种主体功能。从提供产品的角度划分，或者以提供工业品和服务产品为主体功能，或者以提供农产品为主体功能，或者以提供生态产品为主体功能"(国务院，2010)。从上述理念和实践的发展过程来看，无居民海岛的主导功能应该是主体功能的内涵，而主体功能的划分又汲取了生态系统服务功能的理念。

《全国海岛保护规划》针对无居民海岛的主体功能提出了开发利用和保护的指导意见，具体见专栏 1-1。

专栏 1-1 无居民海岛开发利用和保护指导意见(《全国海岛保护规划》)

旅游娱乐用岛。倡导生态旅游模式,突出资源的不同特色,注重自然景观与人文景观相协调,各景区景观与整体景观相协调,旅游设施的设计、色彩、建设与周边环境相协调;合理确定海岛旅游容量,落实生态和环境保护要求;严格保护海岛地形、地貌,加强水资源保护和水土保持,提高植被覆盖率;鼓励采用节能环保的新技术。

交通运输用岛。科学分析各种交通运输方式的合理用岛规模,制定不同的控制指标,集约、节约用岛,最大程度降低对海岛生态环境造成的不良影响;工程建设与生态保护措施同步进行,制定防灾减灾应急预案;严格限制炸岛、炸礁、开山取石、填海连岛等开发利用活动。

工业用岛。工业用岛的规划与建设应当与自然景观和谐一致;实施清洁生产,建设污水处理场或设施,实现中水循环利用;工业废物要进行无害化处理、处置,危险废弃物应当集中外运;工业废气应当按规定净化后达标排放;在工业建设和生产过程中对海岛生态造成破坏的,应当进行修复。

仓储用岛。根据建设规模、建筑形式和仓储内容合理确定仓储区的建设用岛面积;合理利用周边海域空间资源,尽量减少对海岛地形、地貌和原生植被等自然风貌的破坏,减少对海岛岸线的占用;建设造成岛体裸露及生态破坏的,应当予以修复;仓库以多层为主,限制敞开式仓储模式。

渔业用岛。根据环境与资源的承载量,科学合理地安排渔业设施建设规模,适当控制围海用岛养殖方式;倡导生态增养殖技术,减小水产养殖对海岛周边海域水体的污染;鼓励发展休闲渔业;集中处理和外运海岛上的废弃渔业生产设施;加强对海岛周边海域水质的监视监测。

农林牧业用岛。调控管理农林牧业规模总量和发展方向;农林牧业生产应当节约用水,保护海岛植被,促进水源涵养;引入外来物种应当经过科学论证,防止引进有害物种造成生态灾害;严格保护珍稀野生动植物资源,维护生态平衡;严格限制建筑物和设施建设。

可再生能源用岛。统筹安排和综合利用风能、太阳能、海洋能等可再生能源;可再生能源工程设施的建设应当科学论证、合理选址,保持与海岛景观相协调,减少对生态环境的不利影响。

城乡建设用岛。严格限制填海连岛活动,确需实施的,应当经过科学论证;科学发展、统筹规划,综合平衡和控制区域开发强度;保护海岛植被、淡水、沙滩、自然岸线、自然景观和历史遗迹及周边海域的红树林、珊瑚礁和海草床等。

公共服务用岛。支持利用海岛开展科研、教育、监测等具有公共服务性质的活动;任何单位和个人不得妨碍公共服务活动的正常开展,禁止损毁或者擅自移动公益设施;开展公共服务活动应当控制建筑规模,不得造成海岛及其周边海域生态系统破坏。

保留类海岛。保留类海岛应当保持其自然生态原始状态,防止海岛资源遭到破坏;任何单位和个人未经批准不得在保留类海岛采集生物和非生物样本,或者进行采石、挖海砂、采伐林木以及进行生产、建设、旅游等活动。

2017 年,国家海洋局通过行业技术规程进一步明确(国家海洋局,2017c),无居民海岛的主导功能是按照无居民海岛区位、自然资源和自然环境等自然属性,并考虑到海岛开发利用现状和经济社会发展的需要而划定的;可利用无居民海岛保护和利用规划的主导用途分为旅游娱乐海岛、工业交通海岛、农林牧渔海岛、公共服务海岛 4 个大类,每个大类的概念界定及建筑密度等开发利用细节都有明确的规定(表 1-7)。

表 1-7　无居民海岛功能用途分类及目标量化设定要求

序号	功能用途类型	概念界定	整岛建筑密度①	整岛容积率②
1	旅游娱乐海岛	以开展休闲旅游活动为主要目的使用的无居民海岛	不宜大于 20%	
2	工业交通海岛	以开展工业生产、交通运输活动为主要目的使用的无居民海岛。包括港口航运、桥梁隧道、盐业、固体矿产开采、油气开采、船舶工业、电力工业、通信、仓储、海水综合利用、可再生能源利用及其他工业、交通岛	不宜大于 27%	不宜大于 1
3	农林牧渔海岛	以开展农、林、牧、渔业开发活动为主要目的使用的无居民海岛	不宜大于 12%	
4	公共服务海岛	以开展科研、教育、监测、助航导航、海洋保护等活动为主要目的使用的无居民海岛	不宜大于 10%	

注：①整岛建筑密度是指规划用岛范围内各类建筑和设施基底面积之和占整岛投影面积的比例；②整岛容积率是指规划用岛范围内所有建筑物的总建筑物面积之和占整岛投影面积的比例，对于投影面积为 500m² 以下的无居民海岛，社会经济效益相对较好的开发利用项目可适当调高建筑密度和容积率

四、无居民海岛用岛类型与用岛方式

为了突出无居民海岛主导用途或区块整体功能定位，并将其与《全国海岛保护规划》中确定的主导用途分类体系相衔接，财政部和国家海洋局(2018)调整了无居民海岛用岛类型的划分方案，从原有的 15 类调整为 9 类，具体包括旅游娱乐用岛、交通运输用岛、工业仓储用岛、渔业用岛、农林牧业用岛、可再生能源用岛、城乡建设用岛、公共服务用岛和国防用岛(表 1-8)。

表 1-8　无居民海岛用岛类型界定(财政部和国家海洋局，2018)

编码	名称	界定
1	旅游娱乐用岛	用于游览、观光、娱乐、康体等旅游娱乐活动及相关设施建设的用岛
2	交通运输用岛	用于港口码头、路桥、隧道、机场等交通运输设施及其附属设施建设的用岛
3	工业仓储用岛	用于工业生产、工业仓储等的用岛，包括船舶工业、电力工业、盐业等
4	渔业用岛	用于渔业生产活动及其附属设施建设的用岛
5	农林牧业用岛	用于农、林、牧业生产活动的用岛
6	可再生能源用岛	用于风能、太阳能、海洋能、温差能等可再生能源设施建设的经营性用岛
7	城乡建设用岛	用于城乡基础设施及配套设施等建设的用岛
8	公共服务用岛	用于科研、教育、监测、观测、助航导航等非经营性和公益性设施建设的用岛
9	国防用岛	用于驻军、军事设施建设、军事生产等国防目的的用岛

同时，为定量反映用岛规模和强度对海岛生态系统的影响，根据用岛对海岛自然岸线、面积、体积和植被的改变程度，无居民海岛用岛方式被划分为 6 类，分别为原生利用、轻度利用、中度利用、重度利用、极度利用和极端利用(表 1-9)。

表 1-9 无居民海岛用岛方式 (财政部和国家海洋局，2018，略有改动)

编码	名称	界定
1	原生利用	不改变海岛岛体及表面积，保持海岛自然岸线和植被的用岛行为
2	轻度利用	造成海岛自然岸线、表面积、岛体和植被等要素发生改变，且变化率最高的指标符合以下任一条件的用岛行为：①改变海岛自然岸线属性≤10%；②改变海岛表面积≤10%；③改变海岛岛体体积≤10%；④破坏海岛植被≤10%
3	中度利用	造成海岛自然岸线、表面积、岛体和植被等要素发生改变，且变化率最高的指标符合以下任一条件的用岛行为：①改变海岛自然岸线属性>10%且<30%；②改变海岛表面积>10%且<30%；③改变海岛岛体体积>10%且<30%；④破坏海岛植被>10%且<30%
4	重度利用	造成海岛自然岸线、表面积、岛体和植被等要素发生改变，且变化率最高的指标符合以下任一条件的用岛行为：①改变海岛自然岸线属性≥30%且<65%；②改变海岛表面积≥30%且<65%；③改变海岛岛体体积≥30%且<65%；④破坏海岛植被≥30%且<65%
5	极度利用	造成海岛自然岸线、表面积、岛体和植被等要素发生改变，且变化率最高的指标符合以下任一条件的用岛行为：①改变海岛自然岸线属性≥65%；②改变海岛表面积≥65%；③改变海岛岛体体积≥65%；④破坏海岛植被≥65%
6	极端利用	填海连岛与造成岛体消失的用岛，最终结果是海岛自然属性消失

五、无居民海岛分区

对空间资源进行功能分区是随着人类对自然界的认识逐渐提高而提出来的，经历了自然区划、生态区划和可持续发展区划三个阶段。第一阶段始于 19 世纪初，地学区域划分大部分主要集中于对自然界表面的认识(张和平和姜涛，2011)；第二阶段始于 20 世纪早期，各国研究工作逐渐从单纯的地理因素的区域划分上升到生态区域划分；第三阶段始于 20 世纪 90 年代，人口、资源、环境等问题日趋尖锐，可持续发展思想开始成为世界各国土地利用分区的重要指导思想，功能分区呈现出自然要素与人文要素有机结合的态势(Bailey，2002)。

我国学者真正把分区工作作为一门科学来研究是在 20 世纪 30 年代，竺可桢发表《中国气候区域论》，标志着我国现代自然区划研究的开始(竺可桢，1931)。20 世纪 90 年代以前，我国的自然分区研究主要是根据自然环境的分异规律进行的大区域主导功能分区。例如，洪思齐、李旭旦、任美锷和杨纫章、黄秉维均提出了中国自然地理区划方案(杨志宏，2013)。目前，我国分区研究呈现多尺度、多层次的发展态势：尺度上，从国家到省级、市级、县级其至场地的功能分区研究都很详尽；对象上，从流域、保护区、风景区、海岸带、海域至海岛的分区应有尽有(杨志宏，2013)。这些研究极大地推动了我国功能分区研究工作的发展，也为无居民海岛开发利用的功能分区提供了借鉴。

我国无居民海岛的开发利用有一个重要概念，即无居民海岛使用权出让并不以整岛为单元，而是首先根据海岛的资源与生态禀赋划分出保护区和可开发利用区，其中单岛保护区的面积占整岛的比例不低于 1/3；对于可开发利用的岛陆单元，再以工程设计标准和行业规划编制规范为主要依据，按照开发利用的内容进行用岛区块划分，要求保持区块的相对完整性、避免区块重叠。

2017 年出台的《无居民海岛保护和利用规划编制技术导则》(征求意见稿),进一步将无居民海岛岛陆空间分为保护和开发两大类功能区,其中保护功能区包括自然与人文遗迹保护区域、生态与公益设施安全控制区域两个一级类,开发功能区包括旅游娱乐设施用岛区域、工业交通建设用岛区域、农林牧渔设施用岛区域、公共服务设施用岛区域等四个一级类(表 1-10)。每个利用区域类型又可根据自然条件和规划管理需要进一步细分。

表 1-10　无居民海岛保护和利用空间布局分类体系

功能定位	一级类		二级类	
	一级类名称	含义	二级类名称	含义
保护功能	自然与人文遗迹保护区域	对自然和人文遗迹需要进行特殊保护和管理划定的区域	自然遗迹保护区域	有科学研究价值或其他保存价值的生物种群及其环境,以及特殊天然景源、景观、地质地貌分布区域
			人文遗迹保护区域	各级文物和有价值的历代人文史迹遗址的分布区域
	生态与公益安全控制区域	基于维护生态环境和公共利益安全需要进行特殊控制的区域	生态环境安全控制区域	为维护重要水源涵养、防护林、岩溶发育,以及生态脆弱区域等生态环境安全进行控制的区域
			公益设施安全控制区域	为维护现有领海基点、助航导航、基础测绘、气象观测等公益设施安全进行控制的区域
开发功能	旅游娱乐设施用岛区域	为人们欣赏风景、休憩、娱乐、文化等活动提供旅行游览接待服务建筑和设施建设需要用岛的区域	旅游集散用岛区域	游客集散及中转码头服务等旅游基地设施建设占岛区域
			文体娱乐用岛区域	游戏娱乐、文化体育、艺术表演等游娱文体设施占岛区域
			休养保健用岛区域	避暑避寒、休养疗养、医疗保健康复等休养保健设施占岛区域
			商贸食宿用岛区域	商贸、金融保险、食宿服务等旅游服务设施占岛区域
			其他旅游用岛区域	其他旅游活动设施建设占岛区域
	工业交通建设用岛区域	工业生产、交通建设及直接为工业生产、交通服务的附属设施需要用岛的区域	工业建设用岛区域	工业生产建筑及建设配套设施占岛区域
			港口及仓储用岛区域	港口码头、存储库房、堆场和包装加工车间及其辐射设施占岛区域
			其他交通用岛区域	管道、桥隧、机场等工程及附属设施建设占岛区域
	农林牧渔设施用岛区域	种植业、林业、畜牧业、渔业生产建筑和设施及辅助设施需要用岛的区域	种植设施用岛区域	林木育苗房、工厂化农作物栽培的温室、看护房、库房及产品初加工场地等设施占岛区域
			畜牧设施用岛区域	规模化畜禽养殖栏圈、看护房、库房、初加工场地等设施占岛区域
			渔业设施用岛区域	水产养殖塘、水处理池、看护房、库房、初加工场地等设施占岛区域
	公共服务设施用岛区域	开展科学研究、教育和助航导航、监测等的建筑与设施及辅助设施需要一定面积的用岛区域,不含独立简易设施占岛区域	科研教育基地用岛区域	开展科学研究、教育基地建筑和设施占岛建设区域
			其他公共服务用岛区域	开展助航导航、海洋监测保护、国防、执法等公共服务基地建筑和设施占岛建设区域

参 考 文 献

财政部, 国家海洋局. 2010. 关于印发《无居民海岛使用金征收使用管理办法》的通知. http://www.mlr.gov.cn/zwgk/flfg/ hyglflfg/201104/t20110429_849226.htm.[2011-04-29].

财政部, 国家海洋局. 2018. 关于印发《调整海域无居民海岛使用金征收标准》的通知(财综〔2018〕15号). http://zhs.mof.gov.cn/zhengwuxinxi/zhengcefabu/201803/t20180321_2846646.html.(2018-03-13)[2018-06-20].

陈彬, 俞炜炜. 2006. 海岛生态综合评价方法探讨. 应用海洋学学报, 25(4): 566-571.

戴柏. 2015. 与世隔绝的陆地——岛屿生态系统的特殊性. 人与自然, (8): 50-63.

樊丽娜, 王浩, 高珊珊. 2011. 分类溯源. 北京: 知识产权出版社.

国家海洋局. 2011a. 关于编制省级海岛保护规划的若干意见(海岛字〔2011〕2号). http://www.soa.gov.cn/zwgk/zcgh/fzdy/201211/t20121105_5352.html.(2011-04-29)[2018-06-10].

国家海洋局. 2011b. 关于印发《县级(市级)无居民海岛保护和利用规划编写大纲》的通知(国海岛字〔2011〕332号). http://www.soa.gov.cn/zwgk/zcgh/fzdy/201211/t20121105_5354.html.(2011-05-26)[2018-06-20].

国家海洋局. 2011c. 关于印发《无居民海岛保护和利用指导意见》的通知. http://www.soa.gov.cn/zwgk/zcgh/fzdy/201211/ t20121105_5357.html.(2011-08-25)[2018-06-10].

国家海洋局. 2012. 关于印发全国海岛保护规划的通知(国海发〔2012〕22号). http://www.soa.gov.cn/zwgk/hygb/gjhyjgb/2012_1/201508/t20150818_39487.html.(2012-04-18)[2018-06-10].

国家海洋局. 2016. 2015年海岛统计调查公报. http://www.soa.gov.cn/zwgk/hygb/hdtjdc/201612/t20161227_54241.html.(2016-12-27)[2018-06-10].

国家海洋局. 2017a. 国家海洋局政策法制与岛屿权益司关于征求无居民海岛生态本底调查技术要求(征求意见稿)意见的通知. http://www.soa.gov.cn/zmhd/zqyj/201712/t20171229_59816.html.(2017-12-29)[2018-06-10].

国家海洋局. 2017b. 国家海洋局关于印发海洋督查方案的通知(国海发〔2016〕27号). http://www.soa.gov.cn/zwgk/zcgh/fzdy/201701/t20170122_54621.html.(2017-01-22)[2018-06-10].

国家海洋局. 2017c. 全国海洋标准化技术委员会关于《无居民海岛保护和利用规划编制技术导则》和《海洋信息云计算服务平台安全规范》公开征求意见的通知. http://www.soa.gov.cn/zmhd/zqyj/201705/t20170502_55822.html.(2017-05-02)[2018-06-10].

国家海洋局. 2017d. 2016年海岛统计调查公报. http://www.soa.gov.cn/zwgk/hygb/hdtjdc/201712/t20171230_59824.html.(2017-12-20)[2018-06-10].

国家海洋局. 2018. 关于海域、无居民海岛有偿使用的意见. http://www.soa.gov.cn/zwgk/gsgg/201807/t20180704_61476.html.(2018-07-05)[2018-07-20].

国家质量技术监督局. 2000. 海洋学术语海洋地质学(GB/T 18190—2000). 北京: 中国标准出版社.

国家质量监督检验检疫总局, 国家标准化管理委员会. 2011. 海洋学综合术语(GB/T 15918—2010). 北京: 中国标准出版社.

国务院. 2007. 国务院关于编制全国主体功能区规划的意见(国发〔2007〕21号). http://www.gov.cn/zwgk/2007-07/31/content_702099.htm.(2007-07-31)[2018-06-20].

国务院. 2011. 国务院关于印发全国主体功能区规划的通知(国发〔2010〕46 号). http://www.gov.cn/zwgk/ 2011-06/08/content_1879180.htm.(2011-06-08)[2018-06-10].

胡焕庸. 1935. 中国人口之分布——附统计表与密度图. 地理学报, 2(2): 33-74.

黄勇, 周世锋, 王琳, 等. 2018. 用主体功能区规划统领各类空间性规划——推进"多规合一"可供选择的解决方案. 全球化, (4): 75-88.

黄宗理, 张良弼. 2006. 地球科学大辞典(基础学科卷). 北京: 地质出版社: 160-161.

李家彪. 2012. 中国区域海洋学——海洋地质学. 北京: 海洋出版社.

李倚慰. 2014. 山东青岛: 国内首个市级无居民海岛规划出炉. http://shandong.hexun.com/2014-02-27/ 162546109.html.(2014-02-27)[2018-06-10].

林河山, 廖连招, 蔡晓琼, 等. 2011. 海岛生态服务功能保护初探. 生态科学, 30(6): 667-671.

刘大海, 刘志军, 吴丹, 等. 2011. 海岛保护规划在我国规划体系中的定位与层级研究. 海洋开发与管理, 28(9): 1-4.

刘雷, 林楚燕. 2012. 海岛保护与利用规划的思考——以《青岛市近海岛屿保护与利用规划》为例. 规划师, 28(6): 49-52.

刘锡清, 刘洪滨. 2008. 关于海洋岛屿成因分类的新意见. 地理研究, 27(1): 119-127.

刘毅飞, 康波, 王雪宝. 2018. 浙江省领海基点海岛监视监测报告. 杭州: 国家海洋局第二海洋研究所.

陆健健. 2003. 河口生态学. 北京: 海洋出版社.

罗伯特·凯, 杰奎琳·奥德. 2010. 海岸带规划与管理. 高健, 张效莉译. 上海: 上海财经大学出版社.

青岛市发展和改革委员会. 2015.《青岛市海域和海岸带保护利用规划》印发实施. http://www.qingdao.gov. cn/n172/n24624151/n24625135/n24625149/n24625191/151119102922566053.html.(2015-11-19)[2018- 06-20].

青岛市海洋发展局. 2016. 青岛市海岛保护规划(2014-2020 年).

《全国海岛资源综合调查报告》编写组. 1996. 全国海岛资源综合调查报告. 北京: 海洋出版社: 107-115.

王鸣岐, 杨潇. 2017. "多规合一"的海洋空间规划体系设计初步研究. 海洋通报, 36(6): 675-681.

王暐, 张弛. 2011. 买岛易, 建岛难——中国无人岛开发生态之忧. 网易发现者, (122). http://discover. news.163.com/special/ unbewohnteinsel/.(2011-05-23)[2018-06-10].

夏小明, 贾建军, 陈勇, 等. 2012. 中国海岛(礁)名录. 北京: 海洋出版社.

谢高地, 肖玉, 鲁春霞. 2006. 生态系统服务研究: 进展、局限和基本范式. 植物生态学报, 30(2): 191-199.

谢卫群, 沈文敏. 2017. 大江东: 洋山港, 为啥要建全球最大自动化码头. http://world.haiwainet.cn/n/2017/ 1211/c345796-31202495.html.(2017-12-11)[2018-06-20].

杨志宏. 2013. 无居民海岛生态敏感性评价及功能分区研究——以白塔山岛为例. 杭州: 国家海洋局第二海洋研究所.

曾呈奎, 徐鸿儒, 王春林, 等. 2004. 中国海洋志. 郑州: 大象出版社: 30-36.

翟勇. 2010. 浅谈海岛保护立法的意义. http://www.npc.gov.cn/npc/xinwen/rdlt/fzjs/2010-05/19/content_ 1573304.htm.(2010-05-19)[2018-6-20].

张和平, 姜涛. 2011. 主体功能区划分国外溯源. 知识经济, (10): 45-46.

张志卫, 赵锦霞, 丰爱平, 等. 2015. 基于生态系统的海岛保护与利用规划编制技术研究. 海洋环境科学, 34 (2): 300-306.

张宗堂, 胡浩, 卫敏丽. 2009. 中国将首次立法保护海岛. http://www.npc.gov.cn/huiyi/cwh/1109/2009-06/23/content_1506881.htm. (2009-06-23) [2018-06-20].

张宗堂, 胡浩, 卫敏丽. 2009. 中国将首次立法保护海岛. http://www.npc.gov.cn/huiyi/cwh/1109/2009-06/23/content_1506881.htm. (2009-06-23) [2018-06-20].

赵景柱, 肖寒, 吴刚. 2000. 生态系统服务的物质量与价值量评价方法的比较分析. 应用生态学报, (2): 290-292.

浙江省人民政府. 2013. 浙江省人民政府关于浙江省无居民海岛保护与利用规划的批复. http://www.zj.gov.cn/art/2013/8/15/ art_1545374_27271072.html. (2013-08-15) [2018-06-20].

中共中央、国务院. 2015. 中共中央国务院印发《生态文明体制改革总体方案》. http://www.gov.cn/guowuyuan/2015-09/21/content_2936327.htm. (2015-09-21) [2018-06-20].

中共中央、国务院. 2017. 中共中央办公厅国务院办公厅印发《省级空间规划试点方案》. http://www.gov.cn/zhengce/2017-01/09/content_5158211.htm. (2017-01-09) [2018-06-20].

中国人大中国政府网. 2009. 中华人民共和国海岛保护法. http://www.gov.cn/flfg/2009-12/26/content_1497461.htm. (2009-12-26) [2018-06-10].

周学锋. 2009. 论我国海岛立法的模式选择与制度设计——兼谈《海岛保护法草案》的立法偏失及其修正//浙江省法学会. 浙江省首届海洋经济发展法治论坛论文集: 1-8.

朱锦杰, 叶攀. 2011. 无居民海岛开发利用法律制度探究//中国致公党中央委员会, 国家海洋局. 中国发展论坛·2011——海洋经济发展与海岛保护论文集. 北京: 海洋出版社: 389-392.

竺可桢. 1931. 中国气候区域论. 气象研究所集刊, 第 1 号南京: 南京北极阁气象研究所.

左大康. 1990. 现代地理学辞典. 北京: 商务印书馆: 426.

Bailey R G. 2002. Ecoregion-Based Design for Sustainability. New York: Springer.

Daily G C. 1997. Intruction: what are ecosystem services? In: Daily G C. Nature's Services: Societal Dependence on Natural Ecosystems. Washington D C: Island Press.

Losos J B, Ricklefs R E. 2007. The Theory of Island Biogeography Revisited. Princeton: Princeton University Press.

MA (Millennium Ecosystem Assessment). 2005. Guide to the Millennium Assessment Reports. http://www.millenniumassess-ment.org/en/Index-2.html. (unknown) [2018-06-10].

MacArthur R H, Wilson E O. 1967. The Theory of Island Biogeography. Princeton: Princeton University Press.

Merriam-Webster. 2019. Island. https://www.merriam-webster.com/dictionary/ island. (2019-03-28) [2019-04-10].

The Editors of Encyclopaedia Britannica. 2019. Geography-Island. https://www.britannica.com/science/island#ref234009. (2019-02- 28) [2019-04-10].

Wikipedia. 2019. Continent. https://en.wikipedia.org/wiki/Continent. (2019-04-05) [2019-04-10].

第二章 东海区无居民海岛开发利用

东海区海岛主要隶属于上海、浙江、福建和台湾四省(直辖市)。根据 1988～1996 年进行的第一次全国海岛资源综合调查结果,东海区面积大于 500m² 的海岛数量(不包括台湾省)约占全国海岛总数的 2/3,其中绝大多数是基岩型海岛。21 世纪初叶完成的"我国近海海洋综合调查与评价专项"(简称"908 专项")统计表明,全国海岛总数(含港、澳、台)为 10 342 个;若以海区论,仍以东海区最多,占全国海岛总数的 66%(夏小明等, 2012)。其中,浙江省海岛数量居全国之首,共 3820 个,约占我国海岛总数的 37%;其次是福建省,拥有海岛 2215 个,约占全国海岛的 21%;上海市海岛数量为 26 个,居沿海 14 个省级行政区第 12 位,仅高于天津市和澳门特别行政区(夏小明等, 2012)。

海岛在东海沿海省(自治区、直辖市)的社会和经济地位非常重要。2010 年之前,上海港已经连续数年雄居全球大港货物吞吐量第一、集装箱吞吐量第二;2010 年之后,宁波—舟山港取代了上海港,成为吞吐量第一的世界级大港。两个世界级大港在长江口—杭州湾—舟山海区并存发展,与舟山群岛得天独厚的深水岸线资源和航道资源密不可分。同时,舟山群岛是中国最大的群岛,其周边海域是中国最重要的近海渔场之一。在第一批国家 5A 级旅游景区名录中(文化和旅游部, 2018),上海市、浙江省、福建省共有 7 个,海岛即占其二(普陀山、鼓浪屿);南麂列岛是我国最早的国家级海洋自然保护区,也是联合国教育、科学及文化组织划定的世界生物圈保护区之一。

东海区海岛资源环境与开发利用现状的调研是海岛规划公益项目的工作内容之一。按照项目的分工和安排,东海区海岛的调研范围为上海和浙江两省(直辖市)海岛。

第一节 上海市海岛

一、上海市海岛概况

上海市海域西起徐六泾(长江河口岸线)和大陆海岸线,向东至领海外部界限,南接杭州湾北部、北抵长江北支口,分别与浙江和江苏两省海域为邻。自 20 世纪 80 年代以来,上海市共进行过 4 次系统的海岛调查研究,每次调查所得海岛数量均不相同(表 2-1,表 2-2),其原因除海岛的消失和生成之外,还在于缺乏对海岛的统一划分标准。

表 2-1 1994 年上海市岛屿面积与高程(杨启伦, 1998)

岛名	面积(km²)	最高点高程(m)	岛名	面积(km²)	最高点高程(m)
崇明岛	1064.0	4.2	小金山岛	0.10	34.23
长兴岛	87.85	3.2	浮山岛	0.05	31.71
横沙岛	49.26	3.6	乌龟山岛	—	—
复兴岛	1.33	5.5	佘山岛	0.37	54
大金山岛	0.3	105.3	鸡骨礁	<0.0002	—

表 2-2　2013 年公布的上海市无居民海岛标准名称

序号	标准名称	行政区	类型
1	佘山岛	崇明县	基岩岛
2	情侣礁	崇明县	基岩岛
3	情侣礁一岛	崇明县	基岩岛
4	情侣礁二岛	崇明县	基岩岛
5	情侣礁三岛	崇明县	基岩岛
6	鸡骨礁	崇明县	基岩岛
7	大金山岛	金山区	基岩岛
8	小金山岛	金山区	基岩岛
9	浮山岛	金山区	基岩岛
10	大金山北岛	金山区	基岩岛
11	浮山东岛	金山区	基岩岛
12	鸡骨礁一岛	崇明县	基岩岛
13	鸡骨礁二岛	崇明县	基岩岛
14	鸡骨礁三岛	崇明县	基岩岛
15	黄瓜北沙	崇明县	堆积岛(冲积沙岛)
16	黄瓜四沙	崇明县	堆积岛(冲积沙岛)
17	白茆沙	崇明县	堆积岛(冲积沙岛)
18	东风西沙	崇明县	堆积岛(冲积沙岛)
19	东风东沙	崇明县	堆积岛(冲积沙岛)
20	三星西沙	崇明县	堆积岛(冲积沙岛)
21	三星东沙	崇明县	堆积岛(冲积沙岛)
22	江亚南沙	浦东新区	堆积岛(冲积沙岛)
23	九段沙	浦东新区	堆积岛(冲积沙岛)

　　根据"908 专项"调查结果，上海市拥有 26 个海岛，包括有居民海岛 3 个——崇明岛、长兴岛、横沙岛，无居民海岛 23 个(表 2-2)；面积最大的崇明岛为 1360.44km^2(含江苏省并陆的兴隆沙、永隆沙)，面积最小的情侣礁仅 780m^2。上海市最古老的岛屿是鸡骨礁，距吴淞口约 111km，距横沙岛岸线约 50km；最年轻的海岛当属河口区的堆积岛，如九段沙系、东风沙系和黄瓜沙系等，目前它们还处于不断形成和变化过程之中；杭州湾北部海域的金山三岛是上海市最早有文字记录的海岛。

二、上海市无居民海岛开发利用

　　上海市无居民海岛虽然数量少，且多为面积较小的堆积岛和基岩岛，但地貌类型较为多样。或因其得天独厚的地理区位条件，或因其独特的资源优势，多数无居民海岛在军事、海防、生态保护、土地资源和水资源等方面发挥着重要作用。

　　长江口无居民冲积沙岛孕育着大量的潜在土地资源。自 1949 年以来，上海市新增土地有 52%来自海域围垦,近年亦有 1996 年青草沙圈围(约 266hm^2)和 2004 年东风西沙圈围(约 400hm^2)。

上海市设有国家和省级自然保护区四处,其中三处与海岛有关,即九段沙湿地自然保护区、金山三岛自然保护区和崇明东滩鸟类自然保护区,有效地保护了亚热带植被、长江口湿地生态系统及鸟类迁移和栖息地(表 2-3)。

表 2-3　上海市涉及海岛的自然保护区

序号	名称	所在行政区	面积(hm^2)	级别	范围	主要保护对象
1	九段沙湿地	浦东新区	42 020	国家级	北以长江口深水航道南导堤中线为界,东以–6m 线为界,南以长江南槽航道北线为界,西(江亚南沙)以–5m 线为界	湿地生态系统、濒危水生生物及鸟类
2	金山三岛	金山区	46	省级	包括大金山岛、小金山岛和浮山岛陆域及三岛周围 0.5n mile 的海域	典型的中亚热带自然植被类型树种,常绿、落叶阔叶混交林,昆虫及土壤有机物,野生珍稀植物树种,近江牡蛎
3	崇明东滩鸟类	崇明区	24 155	国家级	位于崇明岛最东端,31°25′~31°38′N,121°50′~122°05′E,南起奚家港,北至北八滧港,西接一线大堤,东以吴淞标高 1998 年零米线外侧 3km 水域为界,呈半椭圆形	以鸻鹬类、雁鸭类、鹭类、鸥类、鹤类 5 类为代表的迁徙鸟类及其赖以生存的河口湿地生态系统

河口沙岛是港口航道的潜在资源,并可利用其水文地质条件修建河口江心避咸蓄淡原水水库,以解决上海市淡水资源缺乏的问题。2006 年,上海市水务部门启动了青草沙水源地原水工程,这是全球最大的河口江心避咸蓄淡原水水库,依托长江口长兴岛西北方的一个冲积沙洲——青草沙而兴建(图 2-1,图 2-2),设计有效库容为 4.35 亿 m^3。2011年 6 月建成通水,其水质达到国家 II 类标准,供水规模逾 719 万 m^3/d,占上海市原水供应总规模的 50%以上,受益人口超过 1100 万人,改变了长期以来上海市 80%以上自来水取自黄浦江的格局。

图 2-1　青草沙水库英姿(上海市住房和城乡建设管理委员会,2017)

图 2-2 九段沙湿地风光

佘山岛是上海市唯一的领海基点所在岛屿，领海基点设于岛屿东南部，是维护我国海洋权益和宣示我国主权的重要标志。岛上现有驻军，主要负责监视进出长江口的船舶，被誉为"东海第一哨"。此外，岛上还建有佘山岛海洋环境监测站、海底光缆雷达观测站和我国首座海岛遥测宽带数字地震测试台等科学观测站。2010 年，上海市首个海岛整治修复工程启动，在佘山岛进行扭王字块体顺坝、领海基点标志及步道、海洋管理楼、海洋观测站、大棚改造及配套工程 5 个部分的建设施工，并于 2013 年 1 月成为全国第一个通过国家验收的海岛整治修复项目，工程质量被评为优良。

根据初步统计，上海市 23 个无居民海岛中，共计有 11 个无居民海岛得到了不同程度的开发和利用。保护区、保留区等特殊类型用岛占多数(表 2-4)。

表 2-4 上海市无居民海岛使用类型统计

	使用类型	海岛名称(按岛号顺序)	数量	合计
开发用岛	城乡建设用岛	中央沙、黄瓜沙	2	8
	围填海工程用岛	黄瓜沙、青草沙、中央沙	3	
	农林牧渔用岛	—	0	
	交通运输用岛	东风沙	1	
	旅游娱乐用岛	大金山岛	1	
	港口与仓储用岛	—	0	
	工业用岛	—	0	
	矿产开采用岛	—	0	
	可再生能源用岛	佘山岛	1	
非开发用岛	公共服务设施用岛	鸡骨礁、佘山岛、大金山岛	3	12
	保护区用岛	九段沙、大金山岛、小金山岛、浮山岛	4	
	特殊类型用岛	鸡骨礁、九段沙、佘山岛	3	
	其他类型用岛	青草沙、扁担沙	2	

注：本表涉及 11 个无居民海岛，部分海岛的使用类型不止一种，分别列出，因此数量统计有重复

三、上海市无居民海岛管理与规划

上海市对无居民海岛保护与开发一直比较重视。早在 1997 年设立金山三岛自然保护区时，就颁布了《上海市金山三岛海洋生态自然保护区管理办法》（上海市人民政府，2011）。2018 年初，上海市人民政府批准《上海市金山三岛海洋生态自然保护区功能区划》，明确金山三岛"保存着本市最原始植被和珍稀物种资源，是反映本市天然地带性植被和典型海岛生态系统的重点区域"，将金山三岛海洋生态自然保护区划分为核心区、缓冲区、实验区，进一步加强科学保护和管理（上海市人民政府，2018a）。

2013 年，《上海市无居民海岛、低潮高地、暗礁标准名录》获上海市政府批准，确认市辖海域共有白茆沙等无居民海岛 23 个（表 2-2），顾园沙等低潮高地 17 个、牛皮礁暗礁 1 个。2015 年，《上海市海岛保护规划》印发，将上海岛屿划分为 2 个一级类、5 个二级类、10 个三级类，明确了各岛屿的分类功能定位。

在"十二五"期间，上海市完成了无居民海岛地名普查和佘山岛领海基点保护范围选划；开展了金山三岛海洋生态自然保护区专项调查，启动大金山岛保护与开发利用示范项目，整修维护大金山岛管护基础设施。《上海市"十三五"海洋规划》进一步提出："全面开展海岛基础调查，分类实施海岛生态修复和保护工程，重点实施金山三岛海洋生态自然保护区物种保护及整治修复工程。继续实施水生生物增殖放流，保护海洋生物多样性。对领海基点岛屿、具有特殊价值的岛屿及其周围海域实施严格保护"（上海市人民政府，2018b）。

第二节　浙江省海岛

一、浙江省海岛概况

（一）海岛数量与分布

根据"908 专项"统计结果（夏小明等，2011），浙江省共有海岛 3820 个，海岛总面积 1818.024km²，岸线总长 4496.706km；其中面积大于 500m² 的海岛为 3453 个，小于 500m² 的海岛为 367 个（表 2-5；图 2-3）。从沿海 5 市的分布来看（表 2-5），舟山市海岛数量最多，共计 1814 个，占浙江省海岛总数的 47.49%，台州市和宁波市次之，分别占海岛总数的 20.35%、16.83%，嘉兴市最少，仅占 0.89%。按照沿海县（市、区）的海岛分布情况来看（表 2-5），普陀区海岛数量最多，计 658.5 个，占浙江省海岛总数的 17.24%；岱山县次之，有海岛 519 个；余姚市、慈溪市海岛数量最少，各有 0.5 个[①]。

----

① 西三岛位于杭州湾南岸，是"908 专项"调查所得浙江省唯一一个堆积岛，为余姚市和慈溪市共有；至 2013 年底海域海岛地名普查结束之时，该岛因围垦已并入大陆。

表 2-5　浙江省沿海市的县(市、区)海岛基本情况汇总表

行政隶属		海岛基本情况			海岛社会属性分类(个)		海岛面积分类[①](个)				
市	县(市、区)	数量(个)	面积(km²)	岸线长度(km)	有居民海岛	无居民海岛	特大岛	大岛	中岛	小岛	微型岛
舟山	嵊泗县	499	81.104	460.097	28	471	0	0	4	453	42
	岱山县	519	275.820	692.742	29	490	0	1	5	468	45
	定海区	137.5	539.713	406.809	38.5[②]	99	0	0.5	5	119	13
	普陀区	658.5	402.717	828.598	45.5[②]	613	0	0.5	8	558	92
嘉兴	平湖市	17	0.228	6.071	0	17	0	0	0	15	2
	海盐县	16	0.483	9.668	0	16	0	0	0	14	2
	海宁市	1	0.004	0.258	0	1	0	0	0	1	0
宁波	余姚市	0.5	0.113	1.538	0	0.5[③]	0	0	0	0.5	0
	慈溪市	0.5	0.341	3.61	0	0.5[③]	0	0	0	0.5	0
	镇海区	2	0.031	0.823	0	2	0	0	0	2	0
	北仑区	43	63.136	89.401	6	37	0	0	2	34	7
	鄞州区	5	0.025	1.189	0	5	0	0	0	4	1
	奉化市	23	7.138	42.033	8	15	0	0	0	19	4
	宁海县	58	2.951	38.872	5	53	0	0	0	44	14
	象山县	511	187.749	540.427	18	493	0	0	4	451	56
台州	三门县	151	13.112	119.310	6	145	0	0	1	143	7
	临海市	166	19.077	164.598	5	161	0	0	0	159	7
	椒江区	121	15.075	108.922	2	119	0	0	1	111	9
	路桥区	31	5.894	48.833	3	28	0	0	0	27	4
	温岭市	173.5	10.657	130.385	13	160.5[④]	0	0	0	167.5	6
	玉环县	135	18.500	133.569	12	123	0	0	1	118	16
温州	乐清市	11.5	8.529	23.991	3	8.5[④]	0	0	1	10.5	0
	龙湾区	1	28.136	29.068	1	0	0	0	1	0	0
	洞头县	220	104.359	342.364	12	208	0	0	5	204	11
	瑞安市	114	11.969	111.824	13	101	0	0	0	108	6
	平阳县	85	11.593	80.603	3	82	0	0	1	76	8
	苍南县	120	9.570	81.103	3	117	0	0	0	105	15
全省		3820	1818.024	4496.706	254	3566	0	2	39	3412	367

注：①特大岛面积不小于 2500km²，大岛面积不小于 100km² 且小于 2500km²，中岛面积不小于 5km² 且小于 100km²，小岛面积不小于 500m² 且小于 5km²，微型岛面积小于 500m²；②舟山岛为定海区、普陀区分界岛，各计 0.5 个；③西三岛为余姚市、慈溪市分界岛，各计 0.5 个；④横仔岛为温岭市、乐清市分界岛，各计 0.5 个

资料来源："908 专项"统计结果

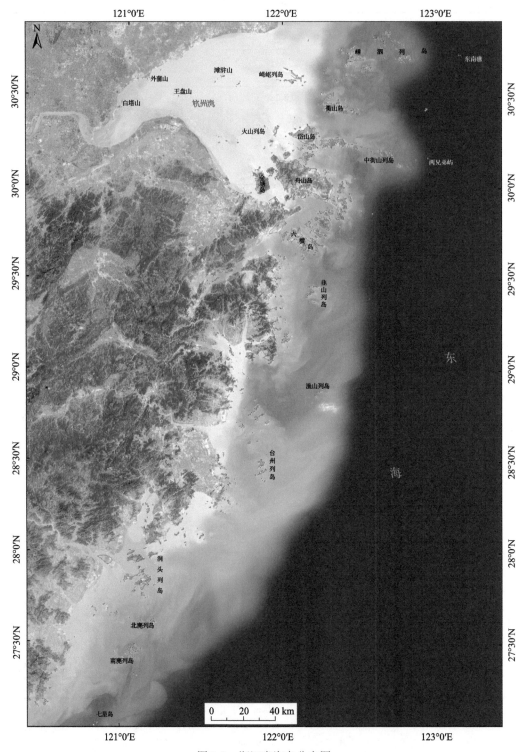

图 2-3 浙江省海岛分布图

按照社会属性分类(表2-5),浙江省有居民海岛共计254个,其中地市级岛1个,县(市、区)级岛3个,乡(镇、街道)级59个,村(社区)级和自然村岛192个;无居民海岛3566个。其中,又以舟山市有居民海岛数量最多,计141个,占浙江省总数的一半以上。

按照面积大小分类来看(表 2-5),浙江省没有特大岛,大岛仅有舟山岛、岱山岛 2个,中岛有39个,面积小于5km^{2}的小岛和小于500m^{2}的微型海岛占海岛总数的98.93%。

(二)海岛数量变化

关于浙江省海岛数量,因调查统计部门、资料来源与精度、界定标准不同,历年的统计数字并不一致(表2-6)。我国传统的调查标准以陆地面积500m^{2}为"岛"与"礁"的分界,因此《海岛保护法》实施之前的历次海岛调查仅统计面积超过500m^{2}的海岛数量。1975年国务院公布(国发〔1975〕78号文),浙江省面积大于500m^{2}的海岛为2161个,1980年《中国海洋岛屿简况》[①]统计出浙江境内海岛数量计2147个,1981～1985年进行的浙江省海岸带和海涂资源综合调查结果显示海岛数量为1921个;1990～1994年,浙江省海岛资源综合调查得到面积大于500m^{2}的海岛数量为3061个,其中,无居民海岛2883个,占全国无居民海岛总数的43%左右(周航等,1998)。

表2-6　浙江省沿海市的县(市、区)海岛数量(个)变化情况表

市	县(县级市、区)	20世纪90年代第一次海岛调查(≥500m²)	"908专项"调查相较于第一次海岛调查的变化		"908专项"调查的结果		
			新发现海岛数	消失海岛数	≥500m²	<500m²	合计
舟山	嵊泗县	404	130	35	457	42	499
	岱山县	404	136	21	474	45	519
	定海区	120.5	22	5	124.5	13	137.5
	普陀区	454.5	215	11	566.5	92	658.5
	小计	1383	503	72	1622	192	1814
嘉兴	平湖市	18	2	3	15	2	17
	海盐县	11	5	0	14	2	16
	海宁市	0	1	0	1	0	1
	小计	29	8	3	30	4	34
宁波	余姚市	0	0.5	0	0.5	0	0.5
	慈溪市	0	0.5	0	0.5	0	0.5
	镇海区	5	2	5	2	0	2
	北仑区	35	11	3	36	7	43
	鄞州区	4	1	0	4	1	5
	奉化市	22	6	5	19	4	23
	宁海县	42	18	2	44	14	58
	象山县	419	110	18	455	56	511
	小计	527	149	33	561	82	643

---

① 海军司令部航海保证部,1980。

续表

市	县(县级市、区)	20世纪90年代第一次海岛调查(≥500m²)	"908专项"调查相较于第一次海岛调查的变化		"908专项"调查的结果		
			新发现海岛数	消失海岛数	≥500m²	<500m²	合计
台州	三门县	122	32	3	144	7	151
	临海市	138	35	7	159	7	166
	椒江区	97	24	0	112	9	121
	路桥区	25	7	1	27	4	31
	温岭市	168.5	27	22	167.5	6	173.5
	玉环县	136	22	23	119	16	135
	小计	686.5	147	56	728.5	49	777.5
温州	乐清市	9.5	2	0	11.5	0	11.5
	龙湾区	1	0	0	1	0	1
	洞头县	186	51	17	209	11	220
	瑞安市	91	23	0	108	6	114
	平阳县	64	22	1	77	8	85
	苍南县	84	37	1	105	15	120
	小计	435.5	135	19	511.5	40	551.5
全省		3061	942	183	3453	367	3820

21世纪初进行的"908专项"海岛调查不再设置陆地面积500m²的统计限制(国家海洋局908专项办公室,2005,2011),由此对浙江省海岛重新进行调查统计,新发现(确认)海岛942个,消失(注销)海岛183个,净增加海岛759个,海岛数量为3820个(表2-6)。

根据2013年完成的海域海岛地名普查结果,浙江省管辖海域中共有海岛4300余个,其中有居民海岛222个,无居民海岛4100余个,海岛面积为2022km²(浙江省发展和改革委员会和浙江省海洋与渔业局,2017)。

需要指出,海岛数量的变化,除了上述界定标准等技术性因素之外,行政管辖的变更也是需要考虑的因素。浙闽海域交界处七星列岛的归属是一个典型案例。七星列岛位于浙江省最南端,由星仔岛、星岛、横屿等7个主要岛礁组成,排列成北斗七星的形状,因而得名七星岛,福建方面则称七星列岛为星仔岛。1955年8月4日国务院批准将原属浙江省平阳县(此时苍南县尚未建制)的台山列岛划归福建省,但是七星列岛仍在浙江界内;七星列岛是否属于台山列岛的一部分?七星列岛是否随台山列岛一并归属福建省?这两个问题的答案莫衷一是,引发了浙闽两省及浙江省苍南县与福建省福鼎市长期的争执,双方曾各自在岛上设立岛碑,并相互破坏(上官福顶,2016)。2016年底,苍南县与福鼎市共商七星岛(星仔岛)开发利用,达成共识:尊重双方传统生产作业场所,搁置争议,实现共同开发、共同保护(上官福顶,2016)。

(三)无居民海岛概况

浙江省无居民海岛的地理分布南北跨距约420km,东西跨距约250km,绝大多数岛屿周围水深在20m以内,个别岛屿周围的最大水深约70m。从全省无居民海岛的地理分布态势看，具有下列明显特征。

（1）东西成列、南北如链、面上成群。比较著名的列岛有 10 余个，如嵊泗列岛、中街山列岛、渔山列岛、台州列岛、洞头列岛、南麂列岛等。

（2）近岸岛屿数量多、面积广、地势较高，远岸岛屿数量少、面积小、地势低。若以 20m 等深线作为近岸岛与远岸岛的分界线，则浙江省无居民海岛又体现出近陆浅水的特征。

（3）海岛地貌以丘陵为主，地势低缓，基岩岸线最长。浙江省海岛除零散堆积平原外，多为丘陵山地，海拔 50～200m；海拔 200～500m 仅见于较大岛屿。丘陵浑圆，谷地开阔；滨海平原地势低平，滩面发育、平坦质软。岛屿岸线 80% 为基岩海岸。

（4）岛岸曲折、湾岙众多、水道交错、航门遍布。海岛岸线蜿蜒曲折、径回路转、岛岙岛湾比比皆是。列链群团的分布格局，形成了纵横交错的潮汐通道和航门；而海底缓倾、底质细软，又形成了众多锚地。

从沿海各市的无居民海岛数量来看（表 2-5），舟山市最多，为 1673 个；台州市次之，为 736.5 个；宁波市 606 个，温州市 516.5 个，嘉兴市 34 个。"908 专项"调查所得浙江省无居民海岛数量比 20 世纪 90 年代完成的第一次海岛调查多了 699 个，主要有以下原因：①新确认（发现）的 942 个海岛均为无居民海岛，大部分为面积小于 500m^2 的微小岛；②有 70 个无居民海岛转化为有居民海岛；③有 173 个无居民海岛消失。

浙江省无居民海岛数量多、区域分布相对集中，海岛生物和非生物资源相对比较丰富。一些面积较大的无居民海岛（包括有居民岛的居民迁出后形成的无居民海岛）资源较为丰富，有较好的植被、水源和浆砌码头、公路等基础设施及潜在的风景旅游资源；大多数面积较小的无居民海岛由于单体资源总量较少，不具有大规模开发利用的价值。在岛屿诸多资源中，质优量大且在全国同类资源中占据重要地位的当属矿产资源、海洋生物资源、旅游资源和深水岸线资源及海底空间资源。

二、浙江省无居民海岛开发利用

浙江省无居民海岛总体开发利用的程度不高，尤其是距离大陆较远的海岛，基本上仍保持相对原生态的状态，而离大陆岸线和大的有居民海岛较近的岛屿，开发利用程度相对较高。

《海岛保护法》实施之前，从 2007 年至 2009 年年底，浙江省人民政府仅批准了 6 个涉及无居民海岛开发的项目，涉及 8 个无居民海岛。实际上，自 1990 年至 2007 年期间，共有 583 个无居民海岛得到不同程度的开发，约占原有无居民海岛总数（2883 个）的 20.2%；其中，有 294 个岛屿因围填海工程、城镇与临港产业建设等开发建设，改变了无居民海岛的属性，包括 219 个被注销的无居民海岛和 75 个转化为有居民海岛的岛屿；另有 289 个无居民海岛局部进行了基础设施工程、海洋旅游和海洋渔农业等开发（浙江省海洋与渔业局，2011a）。可以说，《海岛保护法》实施之前，无居民海岛开发的无序、无度、无章、无法现象非常严重，严重影响了海岛周边海域的生态环境保护和无居民海岛的永续利用。《海岛保护法》实施之后，随着海岛保护与管理规划和制度的建设，浙江省无居民海岛的开发走上有法可依、有序进行的道路，多次开创国内无居民海岛开发利用与管理工作之先河。以下将近 20 年来浙江省无居民海岛开发利用大事择要列出。

1996 年，朱仁民以 9 万元买下浙江省舟山市普陀山对面一座无人小岛 40 年的经营权，成为中国第一位"岛主"。

2004 年，陈晓娴成立洞头县虎屿海洋生态资源开发有限公司，投资开发面积 0.38km² 的大竹屿岛、小竹屿岛，成为《无居民海岛保护与利用管理规定》实施后的温州"岛主第一人"。

2005 年 1 月 1 日，中国首个无人岛地方性法规《宁波市无居民海岛管理条例》正式实施。

2005 年 10 月，浙江省人民政府对省内无人岛开发计划紧急叫停，无居民海岛开发利用项目必须报省政府批准。

2007 年，浙江省人民政府下发《关于进一步加强无居民海岛管理工作的通知》，暂停审批无居民海岛开发项目。

2010 年 2 月 21 日，浙江省第一批无居民海岛名称公布，计 2597 个(浙江省人民政府，2010)。

2011 年，《浙江省重要海岛开发利用与保护规划》和《浙江省无居民海岛保护与利用规划》公布。

2011 年 4 月，浙江省发布了第一批可开发利用无居民海岛名录。

2011 年 6 月 30 日，国务院正式批准成立浙江省舟山群岛新区，成为我国继上海市浦东、天津市滨海、重庆市两江新区后又一个国家级新区，也是首个以海洋经济为主题的国家级新区。

2011 年 11 月 5 日，《浙江省无居民海岛使用金征收使用管理办法》发布。

2011 年 11 月 8 日，我国首张无居民海岛使用权证书(海岛证 110001 号)落户象山县旦门山岛。

2011 年 11 月 11 日，象山县大羊屿岛 50 年的使用权通过公开拍卖的方式被转让，成为我国首个通过拍卖方式出让使用权的无居民海岛。

2012 年 6 月，象山县旦门山岛无居民海岛使用权获得上海浦东发展银行抵押贷款，实现了全国无居民海岛使用权银行抵押贷款的"零"突破。

2013 年 1 月 23 日，国务院正式批复《浙江舟山群岛新区发展规划》。

2013 年 2 月 28，《浙江省无居民海岛开发利用管理办法》获省人大常委会审议通过，随后陆续发布了《浙江省无居民海岛使用权登记管理暂行办法》《浙江省无居民海岛使用权招标拍卖挂牌出让管理暂行办法》和《浙江省无居民海岛使用审批管理暂行办法》3 个配套制度。

2015 年 10 月，浙江省人民政府以申请审批的方式将扁鳗屿无居民海岛使用权出让给国家海洋局温州海洋环境监测中心站。扁鳗屿成为我国第一个确权的公益性无居民海岛。

2017 年 4 月，《浙江省海洋主体功能区规划》发布，划定 18 个禁止开发区，包含 900 个海岛。

三、浙江省无居民海岛保护与管理

(一)海洋保护区建设

自 20 世纪 90 年代以来，随着《海洋环境保护法》和《海域使用管理法》等法律、法规的颁布实施，浙江省结合海洋自然保护区与海洋特别保护区的建设开展无居民海岛保护的相关工作，在沿海地区相继建立了一批海洋保护区，加强对海洋与海岛资源、环境、生态的保护，成效显著。截至 2017 年年底，浙江省共有各种类型的海洋保护区 15 个（表 2-7），其中海洋自然保护区 3 个（国家级 2 个、省级 1 个），海洋特别保护区 12 个（国家级 7 个、省级 5 个）。《海岛保护法》实施之后，先后有 4 个保护区由省级保护区升级为国家级保护区，另有 3 个国家级保护区加挂"国家级海洋公园"牌子。通过建设保护区，有效地改善了一批无居民海岛的生态环境和生物多样性状况。

表 2-7　浙江海洋保护区一览表

序号	保护区名称	地点	面积(hm²)	保护对象	级别	批准时间
1	南麂列岛国家级海洋自然保护区	温州平阳县	19 600	海洋贝、藻类及生境	国家级	1990.09
2	韭山列岛国家级海洋生态自然保护区	宁波象山县	48 478	大黄鱼、鸟类等动物及岛礁生态系统	国家级	2011.04
3	五峙山省级海洋鸟类自然保护区	舟山	500	海洋鸟类及其赖以生存的海洋生态环境	省级	2001
4	西门岛国家级海洋特别保护区	温州乐清市	3 080.15	37 种岩礁生物，92 种泥滩生物，世界级濒危鸟类黑嘴鸥、黑脸琵鹭，国家二级保护动物黄嘴白鹭、斑嘴鹈鹕等大量湿地鸟类，以及目前国内分布最北的红树林区	国家级	2005.02
5	马鞍列岛国家级海洋特别保护区(嵊泗国家级海洋公园*)	舟山嵊泗县	54 900	海洋生物资源、独特的岛礁自然地貌和以潮间带湿地为主体的岛群海洋生态系统	国家级	2005.06 (2012**)
6	中街山列岛国家级海洋特别保护区(普陀国家级海洋公园*)	舟山普陀区	20 290	渔业资源(鱼、贝、藻类等)、鸟类资源、岛礁资源、旅游景观及其所处的独特而敏感的海洋生态系统	国家级	2006.05 (2016**)
7	渔山列岛国家级海洋生态特别保护区(渔山列岛国家级海洋公园*)	宁波	5 700	保护海洋生态系统的"天然"本底，保护海洋生物种质资源，包括大黄鱼、乌贼、鲳鱼、鳓鱼等主要经济幼鱼资源的产卵场	国家级	2010.01 (2012**)
8	温州洞头国家级海洋公园	温州洞头区	31 104	海洋地质地貌景观、海岸带生物，历史文化遗迹、海岛民俗等	国家级	2012
9	玉环国家级海洋公园	台州玉环市	30 669	重要渔业品种及生境保护区、茅埏岛红树林保护区	国家级	2017
10	象山花岙岛国家级海洋公园	宁波象山县	4 424	火山岩与海蚀海岩地貌、明末张苍水抗清兵营遗址、岛礁沙滩及生态系统	国家级	2017
11	铜盘岛省级海洋特别保护区	温州瑞安市	2 208	海蚀地貌、海洋生态	省级	2008.05
12	大陈海洋生态特别保护区	台州椒江区	216 000	石斑鱼、大黄鱼、小黄鱼、白姑鱼、三疣梭子蟹及疣荔枝螺、龟足、日本笠藤壶、朝鲜鳞带石鳖、绿海葵等重要经济鱼类、潮间带生物资源	省级	2008.11
13	铜盘岛省级海洋特别保护区	温州瑞安市	2 208	海洋生物资源和自然遗迹	省级	2008
14	洞头南北爿山省级海洋特别保护区	温州洞头区	884	海岛鸟类、海岛植被、重要渔业资源	省级	2011
15	七星列岛省级海洋特别保护区	温州苍南县	4 376	典型生态系统，渔业、珊瑚等物种资源	省级	2013

*加挂国家级海洋公园牌子

**国家级海洋公园获批时间

(二)领海基点海岛的保护工作

浙江省高度重视对涉及海洋权益和国家主权重要岛屿的保护工作，严格执行国家对于领海基点的保护政策。《浙江省海洋功能区规划(2011—2020 年)》将海礁、东南礁、两兄弟屿、渔山列岛、台州列岛(1)、台州列岛(2)、稻挑山等领海基点划定为禁止开发区；《浙江省海洋主体功能区规划》选划并设置 5 处领海基点保护范围，对省内 7 个领海基点及其周边海岛海域进行保护。与此同时，积极开展相关维护、巡查、监视监测等工作，切实保障了领海基点岛屿的环境完好(刘毅飞等，2018)。

(三)无居民海岛保护与管理的法规与制度建设

浙江省是海岛大省，一直积极开展对无居民海岛管理工作的立法探索。2007年，浙江省下发了《关于进一步加强无居民海岛管理工作的通知》(浙政函〔2007〕106 号)，明确要求无居民海岛保护与利用实行规划管理，建立无居民海岛管理联席会议制度，完善无居民海岛开发利用的审批机制。全省无居民海岛管理工作开始纳入轨道。

《海岛保护法》颁布实施之后，浙江省适时调整了全省海岛规划的编制工作。考虑到浙江省海岛的实际情况——无居民海岛在数量上占绝对优势，而有居民海岛在面积上占绝对优势，浙江省选择的海岛开发战略并不是一哄而上、全部进行开发利用，而是在有人居住的海岛中选择一部分比较重要的海岛进行科学利用，其余大部分还是以保护为主。为此，浙江省政府编制印发了两个关于海岛方面的重要规划，即《浙江省无居民海岛保护与利用规划》(2011)和《浙江省重要海岛开发利用与保护规划》(2011)。两个规划有机结合，在维护海洋生态环境平衡安全的前提下，立足海岛自然资源禀赋特点，将海岛重点保护与一般保护相结合，积极稳妥地推进重要海岛和无居民海岛的分类开发与保护。

2010 年 3 月 26 日，浙江省海洋与渔业局印发《海岛保护法巡航执法专项行动方案》，实现海岛巡航执法计划任务的制度化。

2011 年 4 月，浙江省发布了第一批可开发利用无居民海岛名录(浙江省海洋与渔业局，2011b)，包括 31 个无居民海岛，主导用途涵盖旅游、娱乐、工业、渔业等六大类。名录的公布有助于充分发挥公众监督力量，积极引导单位和个人按照有关法律法规，科学、合理、有序地开展无居民海岛开发利用活动。

2011 年 11 月 5 日，《浙江省无居民海岛使用金征收使用管理办法》正式发布(浙江省人民政府，2011)。

2013 年 2 月 28 日，浙江省政府第 3 次常务会议审议通过《浙江省无居民海岛开发利用管理办法》(浙江省海洋与渔业局，2017)。这是我国首个针对无居民海岛开发利用的政府规章。

四、浙江省无居民海岛有关规划与管理办法解读

(一)《浙江省无居民海岛保护与利用规划》(2011)[①]

《浙江省无居民海岛保护与利用规划》引入"无居民海岛岛群"概念,将若干个在地域空间上毗邻、自然属性相近、功能用途趋同的岛屿所形成的岛屿群落作为一个整体进行考虑,并按照空间单元的不同(即"岛群"与"岛屿"两类空间基本单元),建立起省、市、县三级规划构成的全省无居民海岛规划体系。按照保护优先、适度利用的原则,将全省无居民海岛划分为119个无居民海岛岛群,其中特殊保护型岛群31个(涉及海岛566个)、一般保护型岛群57个(涉及海岛1340个)、适度利用型岛群31个(涉及海岛733个)。

规划的海岛功能兼容活动建议可分为"不可兼容"(×)、"允许兼容"(○),和"有条件允许兼容"(●)三类。其中,符合"允许兼容"和"有条件允许兼容"的开发活动,应经过相关审查程序批准后,允许其利用行为,原规划的该岛功能定位保持不变;建议对海岛功能兼容的审查采用分级审批的形式。其中,"允许兼容"类的建设活动由县级海洋行政主管部门进行审查,批准后方可进行建设,并报所属市级海洋行政主管部门备案;"有条件允许兼容"类的建设活动建议由市级海洋行政主管部门进行审查,批准后方可进行建设,并报浙江省海洋行政主管部门备案。未列入兼容表中的其他建设活动,建议应由市级海洋行政主管部门根据该行为对规划所确定岛屿功能的影响进行分析,具体核定其是否适用,并报浙江省海洋行政主管部门备案。

(二)《浙江省重要海岛开发利用与保护规划》(2011)[②]

2011年6月23日,浙江省人民政府下发了《浙江省重要海岛开发利用与保护规划》。重要海岛是指在海洋经济发展中具有重要的经济或生态价值,对实施海洋开发开放和保护海洋生态系统起到核心引领作用,并具备较强辐射与带动能力的海岛。选择标准综合考虑了海岛资源禀赋与发展潜力,具体如下:一是陆域面积不小于5km²的岛屿;二是陆域面积不足5km²,但属于乡级以上行政区驻地的岛屿;三是陆域面积不足5km²,但在"十二五"期间具有重要开发需求的岛屿;四是陆域面积不足5km²,但处于海洋保护区内的核心岛屿。

该规划选择了发展潜力大、基础好、战略意义强、处于核心位置的100个岛屿作为发展海洋经济的重要海岛。这100个海岛的数量虽然约占全省海岛总数的3.5%,但面积却占全省海岛总面积的96%,岛屿滩涂占全省的78%,岛屿岸线占全省岸线的53%,涉

---

① 据浙政函〔2018〕126号文,浙江省人民政府于2018年批准实施《浙江省海岛保护规划(2017—2022年)》,同时废止《浙江省无居民海岛保护与利用规划》和《浙江省重要海岛开发利用与保护规划》。鉴于本书的研究工作及有关海岛数据是2018年之前的,因此仍然介绍这两部早期的浙江省海岛规划。

② 据浙政函〔2018〕126号文,浙江省人民政府于2018年批准实施《浙江省海岛保护规划(2017—2022年)》,同时废止《浙江省无居民海岛保护与利用规划》和《浙江省省重要海岛开发利用与保护规划》。鉴于本书的研究工作及有关海岛数据是2018年之前的,因此仍然介绍这两部早期的浙江省海岛规划。

及 17 个沿海县(市、区),其中 1 个地级市(舟山),4 个海岛县,34 个海岛乡镇,涉及人口有 200 多万。

将 100 个海岛按经济功能分为 8 种类型,即综合利用岛、港口物流岛、临港工业岛、清洁能源岛、滨海旅游岛、现代渔业岛、海洋科教岛和海洋生态岛。对这 8 种类型的海岛采用分类开发的方式进行有序利用,实现差异化、特色化的发展,并对每一类分别明确不同的发展导向、空间布局和分类指引。

(三)《浙江省无居民海岛使用金征收使用管理办法》(2011)

(1)无居民海岛使用权可以通过申请审批方式出让,也可以通过招标、拍卖、挂牌的方式出让。

(2)未经批准,无居民海岛使用者不得转让、出租和抵押无居民海岛使用权。

(3)无居民海岛使用金属于政府非税收入,按照中央 20%、省 20%、市 10%、县(市、区)50%比例缴入国库。

(4)无居民海岛使用金纳入一般预算管理,主要用于海岛保护、海岛管理、海岛生态修复、海岛调查、海岛基础设施建设和海岛防灾减灾与监视监测系统建设。

(5)无居民海岛使用金按照批准的使用年限实行一次性计征。

(6)拒不缴纳无居民海岛使用金的,由依法颁发无居民海岛使用权证书的海洋主管部门无偿收回无居民海岛使用权。

(四)《浙江省无居民海岛开发利用管理办法》(2013)

《浙江省无居民海岛开发利用管理办法》经浙江省人民政府 2013 年第 3 次常务会议审议通过,自 2013 年 6 月 1 日起施行。

1. 无居民海岛保护和利用规划

由县(市、区)海洋主管部门会同发展和改革、住房和城乡建设(规划)、交通运输、环境保护等有关部门编制,报本级人民政府批准后实施。编制无居民海岛保护和利用规划,应当通过论证会、咨询会等形式征询有关专家意见,并在规划报批材料中说明对专家意见的采纳情况。

2. 无居民海岛开发利用申请审批和招拍挂程序

个人或单位应当向省级海洋主管部门或者其委托的海岛所在地县(市、区)海洋主管部门提出申请,并提交相关材料,包括申请书、海岛及开发利用位置的坐标图、开发利用具体方案、开发利用项目论证报告及相关资信证明材料等。其中,开发利用具体方案是重要内容,要包括建筑总量、建筑物高度、容积率、绿地率情况,对自然资源和自然景观的保护措施,以及采挖土石、使用自然岸线长度要求等。主管部门受理申请后,还要进行现场勘测、审核,并将申请人、海岛位置、用途等主要内容向社会公示。此后提出审查意见,报省政府批准。

3. 无居民海岛使用期限

旅游、娱乐、工业等经营性无居民海岛使用权出让和土地出让一样，采取招标、拍卖、挂牌等方式。而用岛的期限，最高为 50 年。

4. 无居民海岛使用权登记发证和流转

签订使用权出让合同，缴纳海岛使用金，办理了使用权证后，获得无居民海岛使用权。无居民海岛也可以依法转让、抵押、出租、继承。经依法批准使用的无居民海岛，如果两年内未开发利用的，省人民政府将依法收回无居民海岛使用权。

（五）《浙江舟山群岛新区发展规划》（2013）

2013 年 1 月 23 日，国务院正式批复《浙江舟山群岛新区发展规划》（简称《规划》）（浙江省发展和改革委员会，2013）。《规划》明确了将舟山群岛新区作为浙江海洋经济发展先导区、海洋综合开发试验区、长江三角洲地区经济发展重要增长极的"三大战略定位"，以及大宗商品储运中转加工交易中心、东部地区重要的海上开放门户、重要的现代海洋产业基地、海洋海岛综合保护开发示范区和陆海统筹发展先行区"五大总体发展目标"。

（1）建设陆海统筹发展先行区，推进陆海联动重大基础设施建设，实施陆海污染同防同治，加强国内区域合作，提高产业对接和互补发展水平，探索海陆统筹发展新模式。

（2）积极构筑五大功能岛群，包括普陀国际旅游岛群、六横临港产业岛群、金塘港航物流岛群、嵊泗渔业和旅游岛群及重点海洋生态岛群。

（3）创新海岛保护开发模式。制定实施海洋功能区划、生态环境总体规划、重要海岛开发利用与保护规划、主要岛屿近岸海域环境保护规划、无居民海岛保护与利用规划及风景名胜区总体规划，实行岸线、海岛分类指导与管理。科学确定海岛主体功能，对具备开发基础条件的重要海岛，强化开发建设过程中的保护，实现环境保护、水土保持设施与推进主体功能建设同步。对暂不开发的岛屿，科学规划生态保育模式，预留发展空间。治理水土流失，保护水土资源。合理规划开发海岛岸线资源，实现港口差异化发展，提升规模集聚效益。切实加强自然岸线、岛礁海湾、海岛植被和海洋生态保护，创建生态和谐、山水秀美、人海亲近的群岛型花园城市。

（六）《浙江海洋主体功能区规划》（2017）

该规划将浙江省海域划分出优化开发区、限制开发区和禁止开发区。海洋禁止开发区域是指对维护生物多样性、保护典型海洋生态系统及维护国家主权权益具有重要作用的海域。该规划共划定了 18 个禁止开发区，涵盖海洋自然保护区、海洋特别保护区和领海基点保护范围等三大类，总面积 2000km^2，包括韭山列岛国家级海洋生态自然保护区，南麂列岛国家级海洋自然保护区，五峙山省级海洋鸟类自然保护区；马鞍列岛国家级海洋特别保护区，中街山列岛国家级海洋特别保护区，渔山列岛国家级海洋生态特别保护区，西门岛国家级海洋特别保护区，大陈省级海洋生态特别保护区，披山省级海洋特别保护区，洞头南北爿山省级海洋特别保护区，温州洞头国家级海洋公园，铜盘岛省级海洋特别保护区，七星列岛省级海洋特别保护区；海礁、东南礁领海基点保护范围，两兄弟屿领海基点保护范围，渔山列岛领海基点保护范围，台州列岛(1)、台州列岛(2)领海基点保护范围，稻挑山领海基点保护范围。

第三节　小　　结

一、总体评价

(一)海岛管理、保护、规划与开发工作已经走上正轨

自 2010 年《海岛保护法》颁布实施和 2012 年《全国海岛保护规划》正式批准生效以来，国家和沿海省(自治区、直辖市)以相关法律法规建设、建立配套制度和规划体系为重点，做了大量、卓有成效的工作，在公众海岛保护意识提高、海岛行政管理体系建立、海岛保护规划编制、海岛保护配套制度建设、海岛地名普查、海岛整治修复、海岛执法监督检查、无居民海岛开发利用等方面都取得了可喜成效。

1. 管理机构日益健全

上海市海洋局下设海域海岛管理处，负责该市海域海岛的监督管理；浙江省海洋与渔业局下设海洋利用规划处，组织拟订并监督实施全省海岛保护与利用规划；负责海洋、海岛和海岸带资源调查；负责无居民海岛的使用管理工作；参与审核并监管海洋、海岛、海岸带重大工程项目。

2011 年，舟山市海洋与渔业局成立了专门的海岛管理机构——海岛管理处。浙江省其他市级海洋行政主管部门也都明确了分管海岛管理与海岛生态保护的部门。例如，宁波、台州两市海洋行政主管部门通过内设机构更名的方式(宁波市海洋与渔业局海域和海岛处、台州市海洋与渔业局海域和海岛管理处)凸显对海岛工作的重视。

2. 省级无居民海岛保护规划及配套政策基本建立

浙江省人民政府于 2011 年公布了两个重要的海岛规划，即《浙江省无居民海岛保护与利用规划》和《浙江省重要海岛开发利用与保护规划》，并相继出台了《浙江省无居民海岛使用金征收使用管理办法》和《浙江省无居民海岛开发利用管理办法》。

上海市人民政府于 2013 年批准了《上海市无居民海岛、低潮高地、暗礁标准名录》，并于 2015 年印发《上海市海岛保护规划》。

3. 海岛生态保护工作扎实推进

2010 年，国家在舟山市桥梁山岛开展了为期两年的海岛生态修复试点工作，取得了初步成效，为全面开展国家海岛生态修复奠定了坚实的基础。2011 年，在海洋公益项目的支持下，台州市竹峙岛废弃物分级减量化处理项目扎实推进。在此基础上，国家批复了上海市佘山岛、宁波市韭山列岛、渔山列岛为省级海岛整治修复及保护类项目。2012年，浙江省西门岛国家海岛生态实验基地试点和浙江省秀山岛技术研究示范进展顺利，

舟山市的定海区干览镇环境保护和整治修复项目、定海区环南街道摘箬山岛海岛整治修复项目的实施方案通过专家评审；佘山岛整治修复项目竣工预验收，作为第一个通过国家验收的海岛整治修复项目，对其他无居民海岛的保护和修复提供了经验和技术示范。上述工作全面推进和带动了沪浙两地的海岛生态修复工作。

4. 海岛使用取得实质性进展

2011 年 4 月 12 日，国家海洋局联合辽宁、山东、江苏、浙江、福建、广东、广西、海南等八省(自治区)海洋厅(局)，向社会公布了首批 176 个可开发利用无居民海岛名录，其中浙江省首批可开发利用无居民海岛 31 个。

浙江省被确认为全国无居民海岛使用确权审批试点单位，启动了《海岛保护法》生效前已用岛活动的确权登记工作。全国首个无居民海岛使用权证颁发给了浙江省的宁波龙港实业有限公司。象山县大羊屿岛成为全国首个以市场拍卖方式出让使用权的海岛。同期，国家海洋局与财政部在浙江联合开展了无居民海岛使用金评估调研。

(二)东海区无居民海岛的管理、开发、利用优势与挑战并存

(1)东海区无居民海岛数量较多、分布广，大量岛屿离岸较近且集中分布，有利于岛屿开发利用；但由于岛屿面积普遍较小，配套设施接入环境较差，利用的工程投入相对较大。

(2)东海区无居民海岛的自然环境具有海陆间过渡特征、海岛地质构造(除长江口冲积岛外)与浙江省东部沿海地区基本一致、土壤和植被类型比较简单、海域环境要素受区域地理影响变化较大、海域地形地貌与底质环境受原始地形和水动力条件的制约明显等方面的特点，环境状况总体较好，但易受外界环境波动的影响。

(3)东海区无居民海岛拥有丰富的港口、旅游、生物、海洋能、风能资源，发展潜力较大，但淡水资源、土地资源不足的劣势也比较明显，加上海岛基础设施落后，开发利用的难度相对较大。

(4)东海区无居民海岛目前开发利用程度不高，可利用余地较大，但现状利用形式较为粗放，尤其是以围填海工程的利用占多数，导致较多岛屿"凄凉消失"，对海岛资源环境的保护与海岛资源独特性的发挥体现不强，偏重经济效益，而对社会效益和环境效益的考虑不够。

(5)依托海洋自然保护区和海洋特别保护区的建设，东海区局部无居民海岛的生态环境与生物多样性得到较好的保护与改善，但总体上覆盖面还不够高，大量保护区外的海岛缺乏保护的手段与措施。此外，由于保护区相关配套政策环境建设还相对滞后，对保护区内无居民海岛保护的针对性和操作性还有待加强。

(6)无居民海岛依托条件较差，对自然侵蚀缺乏抵抗力。

上海市的无居民海岛大部分离大陆较近，水电、交通等都较便利，因而在开发上存在很大优势。但是，上海市无居民海岛也存在很大的劣势，如规模小、生态系统脆弱等，特别是占多数的无居民海岛为河口冲积沙岛，在河口区水动力作用下，形态变化频繁，周边海域沟槽、暗滩发育，给开发利用造成了一定的困难。因此，应加强对

河口冲积沙岛演变规律的研究，预测其演变方向，在坚持保护为主的原则上，充分探讨其开发利用模式。

浙江省多数无居民海岛断裂发育、风化强烈，海浪的侵蚀和风力作用导致海岛基岸侵蚀、山体裸露、陡坡失稳等问题，进而引发岛屿岸线后退、岛屿面积缩小，甚至使得岛屿面临消失等危险不断加剧，地处外海的无居民海岛的这一情况尤其严重。

二、存在的主要问题

目前东海区无居民海岛的保护与利用工作还处于一个初期实践阶段，在海岛保护、利用与管理中均存在一些问题，主要为以下几个方面。

(一)对无居民海岛使用的基本情况不够了解，信息掌握较滞后

目前关于东海区无居民海岛的基础性信息，多依赖 20 世纪 90 年代开展的海岛资源综合调查资料，历经十余年的变迁，海岛情况多发生较大变化，一些岛屿因各类开发建设而消亡，然而由于没有对无居民海岛进行系统、长期的跟踪调查，因此对浙江省无居民海岛的使用现状掌握不清楚，制约了海岛保护与利用工作的开展。

2004～2010 年开展"908 专项"期间，沪浙两地采用地面观测与测量、航空与卫星遥感等手段，对东海区海岛也进行了综合调查，但是限于浙江省海岛众多，登岛实地调查比例及专业性海岛资源与环境的调查站点覆盖度都远未达到 100%的程度。

2010 年启动的全国海域海岛地名普查工作历时 3 年，对东海区海岛进行了全覆盖的登岛或绕岛调查，但是调查重点为海岛的位置、名称、面积等基本属性，对于无居民海岛的管理、规划和开发利用而言，该工作所获资料仍显单薄。

2013 年全国海洋工作会议透露，将开展第二次全国海岛资源综合调查工作，包括四项基本任务：一是开展我国全部海岛基础调查，包括基础地理要素、资源与生态环境、海岛经济社会、海岛景观文化等；二是对部分重要海岛在开展基础调查的基础上，进行周边海域专项调查，包括周边海域地形地貌和水文状况等要素；三是建设海岛数据库；四是开展调查成果汇总、分析与评价。由于种种原因，该项工作最终仅针对领海基点海岛和南海诸岛实施，原来设想的大多数目标仍然停留在纸面上。

(二)对无居民海岛重要性的认识不足，保护意识较薄弱

无居民海岛是稀缺性的不可再生资源，对区域生态、经济、社会发展的意义重大，然而长期以来，对无居民海岛的价值和地位的认识存在严重不足，致使全省的无居民海岛存在不同程度的随意开发、占用、破坏现象。加上国家对无居民海岛的保护和开发政策、资金支持力度有限，在相关法规缺位的情况下，开发者往往重开发轻保护，保护意识十分薄弱，更加剧了无居民海岛资源和生态环境的破坏。

(三)海岛的管理体系尚未理顺，管理制度建设和海岛规划尚未全覆盖

虽然《海岛保护法》自 2010 年 3 月已正式实施多年，但是由于历史遗留问题，无居民海岛的管理职责交叉、条块分割现象仍然存在，尚未完全理顺关系。同时，针对

无居民海岛管理的法制建设还不完善，浙江省已经出台《无居民海岛保护与利用规划》，但是《海岛保护法》要求的沿海市、县编制相关海岛规划工作至今尚未做到百分之百完成。

(四)无居民海岛权属不明、争议不断，影响社会的安定团结

长期以来，沿海相邻地区一直存在归属争议问题，这种情况不仅发生在不同地级行政区之间，还在同一地市内相邻的县、区、市之间存在着海岛权属争议。随着社会经济水平的发展，无居民海岛在发挥海洋经济方面的作用也日益明显，致使这种争议呈现日益严重的趋势，有时矛盾激化还引发械斗事件，严重影响当地的社会安定团结。

(五)基础设施建设滞后，制约海岛保护与利用工作的开展

目前浙江省无居民海岛基础设施底子薄、建设滞后的现象比较普遍，尤其是交通、电力和淡水设施严重不足；然而海岛基础设施建设投入大、见效慢，同时国家也尚未出台相关的优惠政策，全部依赖海岛开发者和当地政府的投入；严重制约海岛保护与利用工作的开展。

(六)对无居民海岛开发的风险和投入认识不足

进行无居民海岛开发首先面对两个问题：其一，基础设施的问题，即如何解决海岛交通、通信、能源、淡水及其他一些生产生活的基本保障条件；其二，可持续发展问题，以海岛旅游为例，浙江省所在的东海近海海域海水浑浊，且从每年11月至次年的4月是寒冷的冬季，夏天又总会遭受台风的袭击，特殊的气候条件决定了海岛旅游每年近8个月的淡季。淡季没有旅游收入，但是海岛设施要持续维护。因此，早期参与海岛开发的业主体会到"没有一亿资金，基本不用做'岛主'梦"。

在高度关注的时候，开发者要冷静思考，充分考虑开发难度和风险。另外必须规划先行，不能无序无度开发。无居民海岛还是强调保护为主，不可能大量开发利用。即使开发利用，也要处理好经济发展与生态保护的关系。

参 考 文 献

国家海洋局. 2017. 2016年海岛统计调查公报. http://www.soa.gov.cn/zwgk/hygb/hdtjdc/201712/t20171230_59824.html. (2017-12-20) [2018-06-10].

国家海洋局908专项办公室. 2005. 我国近海海洋综合调查与评价专项: 海岛调查技术规程. 北京: 海洋出版社.

国家海洋局908专项办公室. 2011. 我国近海海洋综合调查与评价专项: 海岛界定技术规程. 北京: 海洋出版社.

国务院. 1996. 中华人民共和国政府关于中华人民共和国领海基线的声明. http://www.fmprc.gov.cn/web/ziliao_674904/tytj_674911/tyfg_674913/t556673.shtml. (1996-05-15) [2018-06-10].

国务院. 2012. 中华人民共和国政府关于钓鱼岛及其附属岛屿领海基线的声明. http://www.gov.cn/jrzg/2012-09/10/content_2221140.htm.（2012-09-10）[2018-06-10].

刘毅飞, 蔡廷禄, 康波, 等. 2018. 浙江省领海基点海岛常态化监视监测项目调查研究报告. 杭州: 自然资源部第二海洋研究所.

上官福顶. 2016. 苍鼎共谋七星岛开发利用. http://www.cnxw.com.cn/system/2016/12/20/012608129.shtml.（2016-12-20）[2018-06-10].

上海市人民政府. 2011. 上海市金山三岛海洋生态自然保护区管理办法(1997年3月2日上海市人民政府令第38号发布, 根据2010年12月20日上海市人民政府令第52号公布的《上海市人民政府关于修改〈上海市农机事故处理暂行规定〉等148件市政府规章的决定》修正并重新发布). http://www.shanghai.gov.cn/nw2/nw2314/nw32419/nw42626/nw42629/u21aw1268830.html.（2011-06-03）[2018-06-10].

上海市人民政府. 2018a. 上海市人民政府关于同意《上海市金山三岛海洋生态自然保护区功能区划》的批复. http://www.shanghai.gov.cn/nw2/nw2314/nw2319/nw12344/u26aw55286.html.（2018-03-13）[2018-06-10].

上海市人民政府. 2018b. 上海市人民政府办公厅关于印发《上海市海洋"十三五"规划》的通知. http://www.shanghai.gov. cn/nw2/nw2314/nw39309/nw39385/nw40603/u26aw54847.html.（2018-01-22）[2018-06-10].

上海市住房和城乡建设管理委员会. 2017. "中国人居环境范例奖"上海获奖案例2012-2016. 上海: 学林出版社.

文化和旅游部. 2018. 5A级景区. http://zt.mct.gov.cn/was5/web/search?channelid=211942.（2018-10-19）[2018-11-20].

夏小明, 贾建军, 陈勇, 等. 2012. 我国海岛调查研究(908—ZC—Ⅱ—09). 杭州: 国家海洋局第二海洋研究所.

夏小明, 贾建军, 时连强, 等. 2011. 浙江省海岛调查研究报告(ZJ908—01—03). 杭州: 国家海洋局第二海洋研究所.

杨启伦. 1998. 上海海洋地质调查志. 上海: 上海社会科学院出版社.

浙江省发展和改革委员会, 浙江省海洋与渔业局. 2017. 浙江省海洋主体功能区划. http://www.zj.gov.cn/art/2017/5/11/art_5495_2232221.html.（2017-05-11）[2018-06-10].

浙江省发展和改革委员会. 2013. 浙江舟山群岛新区发展规划. http://www.zjdpc.gov.cn/art/2013/2/25/art_706_504589. html.（2013-02-25）[2018-06-10].

浙江省海洋与渔业局. 2011a. 浙江省无居民海岛保护与利用规划文本. http://www.zjoaf.gov.cn/zfxxgk/ghjh/ghxx/2011/10/09/2011100900006.shtml.（2011-10-09）[2018-06-10].

浙江省海洋与渔业局. 2011b. 关于发布浙江省第一批可开发利用无居民海岛名录的公告. http://www.zjoaf.gov.cn/gggs/2011/04/21/2011042100005.shtml.（2011-04-21）[2018-06-10].

浙江省海洋与渔业局. 2017. 浙江省无居民海岛开发利用管理办法(2013年3月18日浙江省人民政府令第312号公布根据2017年9月22日浙江省人民政府令第357号公布的《关于修改〈浙江省农业废弃物处理与利用促进办法〉等10件省政府规章的决定》修正). http://www.zjoaf.gov.cn/zfxxgk/gkml/zcfg/gz/2017/10/20/2017101900036.shtml.（2017-10-20）[2018-06-10].

浙江省人民政府. 2010. 浙江省人民政府关于公布第一批无居民海岛名称的通知(浙政发〔2010〕9 号).
　　https://www.lawxp. com/Statute/s608168.html.(2010-02-21)[2018-06-10].

浙江省人民政府. 2011. 浙江省人民政府办公厅关于印发浙江省无居民海岛使用金征收使用管理办法的
　　通知(浙政发〔2011〕123 号). http://zfxxgk.zj.gov.cn/xxgk/jcms_files/jcms1/web57/site/art/2013/1/4/art_
　　5082_6948.html.(2011-11-05)[2018-06-10].

周航, 国守华, 冯志高. 1998. 浙江海岛志. 北京: 高等教育出版社.

第三章　东海区无居民海岛资源环境与开发利用案例分析

第一节　中　奎　岛

一、地理概况

中奎岛行政上隶属于浙江省舟山市嵊泗县嵊山镇。《中国海岛(礁)名录》记载中奎岛代码为330922040021(夏小明等,2012)。

中奎岛位于舟山群岛东北部,浪岗山列岛中部,是浪岗山列岛的主岛,地处列岛中部,以方位得名(图3-1)。俯瞰岛呈弯角形,南北长990m,东西最宽处410m,陆地面积0.302km²,滩地面积4555m²,海岸线长3.53km。最高点在中南部位置,海拔89.2m,地理坐标为30°26.2′N、122°56.0′E。与大陆最近点距离97.0km,位于嵊泗县菜园镇东南56.3km。

图3-1　浪岗山列岛

岛陆地势南北两端略高,中部略低,南部有两个山峰,海拔分别为82.3m和89.2m,北部有一个山峰,海拔为76.7m。周围水深20～50m。

二、海岛环境

(一)浪岗山列岛概况

浪岗山列岛位于舟山群岛东北部,因地处舟山群岛外沿海域,水深浪大,大风浪时,巨浪可越岗,有"无风三尺浪,有风浪过岗"之说,故得名浪岗山。地理坐标为30°25′～30°26′N、122°55′～122°56′E,分布在长约1.95km、宽约1.20km的海域,陆地总面积约

43.5 万 m²。浪岗山列岛包括中奎岛、浪岗东块岛、浪岗西块岛和半边屿等 18 个海岛,中奎岛最大。

浪岗山列岛呈北北东-南南西走向,主要岛屿地形崎岖、陡峻,海蚀崖峭立如壁,不易攀登。海蚀地貌特别典型,风光奇特,最著名的为笋浜门礁。1980 年,八一电影制片厂曾拍摄《浪岗山风光》纪录片。

附近海域水清流急,岩礁众多,一般水深 20~50m,最深处超过 100m。地处台湾暖流与黄海冷水团交汇处,水产资源丰富,盛产带鱼、乌贼、鳓鱼、鲳鱼、虎头鱼、海蜇等,是嵊山渔场的主要作业区之一,尤以乌贼汛、带鱼汛为最,有"带鱼两头尖,生在海礁边,要想吃带鱼,定在浪岗山"和"浪岗西嘴头,一网两船头"之谚。20 世纪 90 年代以后,渔业资源衰退,鱼汛难以形成。岩礁上盛产贻贝、藤壶、紫菜、牡蛎,也是舟山野生贻贝的主产区。

随着海钓活动的兴起,浪岗山列岛成为海钓的热点区域。2008 年国家体育总局社体中心、浙江省体育局、舟山市政府主办的中国舟山群岛"2008 全国海钓锦标赛"即以浪岗山列岛为主赛场。

浪岗山列岛为海防重地,是舟山群岛重要的外围线,也是从海上进出舟山群岛的重要门户。附近海域为国际航道,可通 20 万~30 万 t 级巨轮。

（二）岛陆

岛上出露的岩石为上侏罗统茶湾组熔结凝灰岩、凝灰岩,间夹凝灰质砂岩。地势险要,东坡较陡,悬崖壁立数十米(图 3-2),西坡较缓,可以登岸。土壤为棕黄泥土,中部有面积约 400m² 的亚黏土矿出露。生长有白茅草丛 27.0hm²,有较多的芙蓉菊,间有百余棵黑松和桑树。岩礁上生长贻贝、藤壶、螺、紫菜等贝、藻类生物。

图 3-2　远眺中奎岛①

三、开发利用情况

旧为渔民临时作业点,在 7~9 月鱼汛期,原有数百名渔民在岛上生产、临时居住。

---

① 图 3-2~图 3-4 引自自在客网页:http://www.zizaike.com/travelogues/350052,创建于 2012 年 3 月 5 日

1956 年以来，舟山专署水产局依据生产和国防需要，在岛中部西岸建固定码头 1 座、登陆点 1 个，可供 200t 以下船舶停靠，在岛中部东岸建登陆点 1 个，可供小船靠泊；建库容 500m³ 的小山塘 1 座，坑道井 16 口，南部西侧山腰挖有 1 条长 300m、宽 1m、深 0.7m 的拦蓄水沟，总蓄水量为 4500m³；在岛上建造渔民避难平房 4 间，还建有冷库 1 座及供销、供粮用房。

1968～1996 年曾驻军，留有大量废弃营房、炮位和隧道(图 3-3)。在遗留下来的营房中，战士们写在墙上的诗词依然清晰可见。

a   b

图 3-3　中奎岛上废弃的营房(a)和隧道(b)

20 世纪 90 年代后，渔业资源衰退，临时居住人员锐减，现为海钓爱好者喜爱的海钓点。海钓爱好者先是将中奎岛上的废弃营房作为根据地，2008 年又对码头上方 1 幢 3 层废营房进行整修，建立海钓俱乐部以提供食宿服务，主要渔获物有黑鲷、真鲷、石鲷、鲈鱼等。

岛上有小庙 1 座，名"龙王宫"，也称浪岗兄弟庙(图 3-4)。

图 3-4　浪岗兄弟庙

岛上建有中奎岛灯桩，航标编号 2336.1，地理坐标为 30°26.2′N、122°56.0′E。灯桩结构为白色圆柱形混凝土、瓷砖贴面，桩身高 14.5m；灯高 106.9m，白光，每 10s 闪 4 次，射程 10.5n mile。中奎岛灯桩由上海海事局镇海航标处管理，是船舶往来南北沿海航线及进出太平洋的重要助航标志，于 1988 年 10 月建造灯桩，同时建直升机坪；1992 年 7 月，改装雷达应答器；1999 年 4 月 25 日，安装遥测子站[①]。

第二节　旦 门 山 岛

一、地理概况

旦门山岛行政上隶属于宁波市象山县东陈镇。《中国海岛(礁)名录》记载旦门山岛代码为 330921006221(夏小明等，2012)。

旦门山岛位于象山半岛中部的大目洋海域(图 3-5)，地理坐标为 29°20′06″～29°21′03″N、121°57′55″～121°58′52″E。岛形呈牛轭状、开口向西，南北长 1.82km、东西宽 0.52km，面积 0.94km²。岛上有五峰，最高峰在南端(29°20′20″N，121°58′32″E)，海拔 135.4m。周边海域水深较浅，为 1～4m。

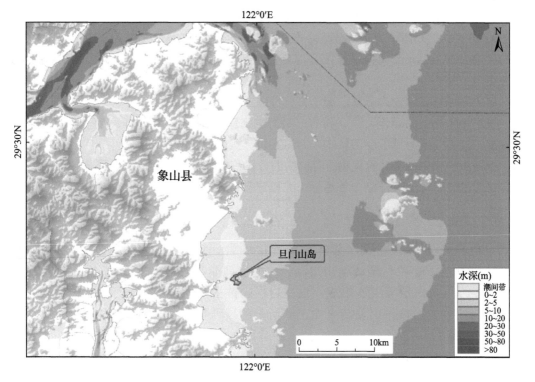

图 3-5　旦门山岛在象山县的位置

因处于东海之滨，与大陆切近，每当旭日东升，日影、岛影倒映水中，构成一"旦"字，得名"旦门山"。

二、海岛环境

(一)气候

旦门山岛具有非常明显的亚热带季风性气候特征,即四季分明,冬无严寒,夏无酷暑,无霜期长,光照充足,温和湿润,雨量丰沛。年平均无霜期约248d、生长期为345d。年平均气温为16～17℃,年平均降水量1400mm以上。

(二)海域环境

旦门山岛所处海域称大目洋,海岛周边水深在4m等深线以内,水下地形平坦、开阔,仅牛鼻山(东屿山)一带有潮流深槽、深潭分布。

据《浙江海岛志》象山县东部海域调查资料(周航等,1998),旦门山岛周边海域主要受浙江沿岸水和东海水交替影响,潮汐属正规半日潮,平均潮差为3.05m。潮流属正规半日浅海潮流,以往复流运动形式为主,平均流速为0.16～0.55m/s。表层平均水温,冬季为10.6℃,夏季为27.7℃。表层平均盐度,冬季为27.41,夏季为31.83。海水悬沙平均含量大于0.2kg/m^3。海域波浪为混合型,冬半年常浪向为北,夏半年偏南。实测最大波高为2.3m。

周边海域营养盐较为丰富,属于富营养区。底栖生物56种,游泳生物90种。

海水pH在正常范围之内,符合一类海水水质标准。重金属含量未超过一类海水水质标准。油类是本海域主要污染物,含量超过一类海水水质标准。

海域沉积物中油类、硫化物、有机物的含量都较低,重金属除汞、镉未超标外,铜、铅、锌含量几乎在所有样品中都超标,尤以锌含量较高。

(三)岛陆

旦门山岛为一基岩岛,紫红色中厚层砂岩、砂砾岩较为发育,产状为倾向SE125°,倾角100°,白垩统朝川组沉积岩的层理非常清晰,该层组主要由巨厚层、厚层、中厚层及薄层等层次组成。这些岩层因被抬升而出露地表后,由垂直节理发育而造成的重力崩塌作用使陡崖面出露清晰的层理构造(图3-6)。岛陆发育EW、NEE向断层。

全岛大部分区域地形崎岖,多处为悬崖峭壁。海岛有大量岩石裸露,为基岩海岸,潮间带滩地主要是淤泥质潮滩,滩涂沉积物几乎全为黏土质粉砂,砂、砾等分布极少。海岛岸线长6.44km,分布有沙滩三处、海蚀洞两处。

岛体经长期风化和沉积作用,土壤以红壤、水稻土、滨海盐土类为主,天然植被以山地灌丛、山地草丛及灌草丛为主,大约占整个植被面积的90%。其中的落叶灌丛以化香萌生灌丛为多;栽培植被主要有湿地松、樟、杨梅、柑橘四类,占整个植被面积的10%左右。

图 3-6　旦门山岛的岛体基岩

三、自然资源及生态系统

旦门山岛的自然资源包括岛体、岸线、沙滩、植被、淡水等。岛上海湾和沙滩众多，地貌奇特，岩洞惊险，更有独特的丹霞地貌和海蚀地貌，周边海域海滨负氧离子浓度高，同时，周边泥质滩涂含有大量有利于人体健康的氨基酸和微量元素，岛上景色秀丽、树木葱茏，是发展高端度假产品的理想之地。

(一)地质景观

旦门山岛发育有典型的海岸——海岛丹霞地貌，海蚀崖、海蚀洞、海蚀坎、海蚀柱、海蚀平台、海蚀巷道和海蚀地台等地质景观丰富。

(二)岸线与滩涂

旦门山岛周边无深水岸线资源，其西面以泥滩分布为主，东部海域水深普遍在 2～4m，现有两个小码头分布在海岛西部和西北部岸线，水深较浅，开发潜力不大。

海岛西部、西北部滩涂资源丰富，滩涂面积约 64hm²。

(三)沙滩

岛上自北向南有三处沙滩，分别是沙滩Ⅰ、沙滩Ⅱ和沙滩Ⅲ。沙滩Ⅰ规模最大，位于海岛东侧海湾内度假村旁，沙滩长约 200m、宽约 70m，呈弯月形，南-北走向，沙滩低潮线以下不远即为粉砂等细粒沉积(图 3-7)。沙滩Ⅱ长约 60m、宽约 30m，垃圾分布较多，目前尚未开发利用。沙滩Ⅲ长 40m，宽 30m，地形陡峭，目前尚未开发(图 3-8)。

图 3-7　旦门山岛沙滩Ⅰ(金沙湾沙滩)

图 3-8　旦门山岛沙滩Ⅲ

(四)植被

旦门山岛植被覆盖率达 90%以上，除海岸潮间带外，几乎为各类植被所覆盖。

2011 年 8 月的植物资源调查表明(谭勇华等，2011)，旦门山岛共有维管植物 97 科
167 属 362 种(含种下分类等级，下同)，其中蕨类植物 10 科 12 属 16 种，裸子植物 3 科
3 属 3 种，被子植物 84 科 152 属 343 种(双子叶植物 75 科 100 属 278 种，单子叶植物 9
科 52 属 65 种)。在 362 种维管植物中，有栽培植物 42 种、野生与归化植物 320 种，木
本植物 116 种、草本植物 246 种，既有乔木、灌木，也有一年生、二年生和多年生草本
植物及一定数量的藤本植物。

(五)淡水

根据区域水文地质普查资料，旦门山岛地下水类型主要有以下几类。

(1)松散岩类孔隙潜水。以全新统冲积、坡积含碎石黏性土为主，主要分布在低洼山

谷处，一般水量 10～50m³/d，水质易污染。

（2）基岩裂隙水。主要指块状岩类构造裂隙水，一般水量小于 100m³/d，只有在构造、地形地貌有利部位，才能形成较大的水量。

（六）温泉

旦门山岛系"泰顺—黄岩大断裂"延线与"孝丰—三门湾大断裂"延线的焦点，属温泉的高潜质地，与已开发的松兰山温泉属同一区域。

四、海岛及其周边海域的开发利用

2001 年 2 月，象山海洋游览度假有限公司在旦门山岛注册成立，开展旅游与娱乐活动。2001 年 3 月，该公司取得旦门山岛旅游开发项目的立项批复，然后开始规划开发海岛，同期开始房屋建筑和配套设施（包括水库、管路、游步道、发电站的建设）的动工，到 2002 年末，项目基本竣工投入使用。

2002 年 6 月，象山海洋游览度假有限公司取得旦门山岛的林权证，开始在岛上植树造林并经营；2009 年底，旦门山岛的使用权过户给宁波龙港实业有限公司；2011 年 11 月 8 日，宁波龙港实业有限公司获得旦门山岛使用权证书（谭勇华等，2011）。

目前岛上主要开展狩猎、生态观光等旅游活动，海岛经营投入较大，暂时仍处于盈亏持平状态。项目在海岛已实施的开发利用活动主要有林木种植、禽畜养殖、狩猎、采摘、沙滩浴场、码头、房屋建筑、水库集水和水处理（图 3-9）。

图 3-9　旦门山岛开发利用现状图

1. 北码头；2. 发电站；3. 小码头；4. 水塔；5. 滩涂养殖；6. 环岛素土路；7. 沙滩 I；8. 水泥碎石道路；

9. 度假村房屋；10. 水库；11. 沙滩 II；12. 沙滩III

岛上建有度假村一处(图 3-10),房屋为砖瓦结构,由木质材料进行表面装修。周边包括草地、淡水游泳池等附属配套建筑设施,建筑面积 1536m²,占用自然形态面积 1832m²。

图 3-10　旦门山岛金沙湾度假村房屋及附属设施

岛上有码头两座(图 3-11,图 3-12)。为解决码头附近水深较浅的条件制约,在北码头前构筑了浮码头,北码头已申请了海域使用证书。

岛上有两座小型水库(图 3-13,图 3-14),作为岛上的主要水源地,水库容量约 4500m³,集雨面积约 0.3km²。为保证水质,水库呈二级库设置,上库库容约 3500m³,淡水经过沉淀后流入下库,下库库容约 1000m³。淡水通过地表管网输送到岛上各用水点,饮用水质量经检测符合国家规定的《生活饮用水卫生标准》的要求。水库占用海岛自然形态面积 0.059hm²。

图 3-11　旦门山岛小码头

图 3-12　旦门山岛北码头

图 3-13　处在上游的旦门山岛第一级水库

图 3-14　处在下游的旦门山岛第二级水库

海岛西北部滩涂有海水养殖作业,属海岛周边村民在海岛附近的临时性养殖,养殖范围约 50 亩[1],主要养殖紫菜。

第三节　桥梁山岛

一、地理概况

桥梁山岛行政上隶属于浙江省舟山市岱山县衢山镇。《中国海岛(礁)名录》记载桥梁山岛代码为 330921006221(夏小明等,2012)。

桥梁山岛位于衢山岛西北部海域,位于岱山县政府驻地高亭镇以北 27.0km,衢山岛西部北岸外 700m,与大陆最近点距离 53.0km。岛体呈东-西走向,长 730m、宽 150m,海岸线长 1.8km,陆域面积 0.101km²;最高点坐标为 30°29′N、122°16.2′E,海拔 38.2m。因岛形狭长,东西两端高耸,中间低平,从南、北方向望,形似桥梁而得名。

2009 年在东端设灯桩:航标编号为 2328.535,黑白横带圆柱形混凝土桩身,桩高 10.1m,灯高 11.4m,白光,每 6s 闪 3 次,射程为 5n mile。

二、海岛环境

桥梁山岛地势东西部高耸、中间低平。出露岩石为燕山晚期二长花岗岩。土壤为粗骨土类的棕白岩砂土,潮间带有少量砾石滩涂土。周围水深 2～20m。附近海域为传统的张网作业区,主要产黄鱼、鲳鱼、鳓鱼等[2]。

20 世纪 90 年代第一次海岛资源调查时(周航等,1998),记录到岛陆东、西部有植被,生长有芒草丛和灌丛 4.0hm²、黑松林 3.2hm²,中部岩石裸露,说明当时岛上生态环境尚可。

三、开发利用与整治修复

1993～2006 年,桥梁山岛被大规模挖山采石,大量石材运到上海市,用于填海。2006年,岛上的滥采活动被叫停。但是,岛体中部被拦腰挖断,形成一个人工"垭口",致使一座完整的"桥梁"成了垮塌的断桥[3];岛屿南侧的数十米宽山体成为一片寸草不生的砂石地。整个海岛的地貌与植被受到严重破坏(图 3-15,图 3-16)。

图 3-15　远眺桥梁山岛

---

① 1 亩≈666.7m²。
② 资料来源:国家海洋信息中心数字海洋公众版网页http://221.239.0.192/index.aspx。
③ 资料来源:http://dsnews.zjol.com.cn/dsnews/system/2010/12/15/013031381.shtml。

图 3-16　桥梁山岛体中段受破坏情况（摄于 2010 年）

2009 年 12 月调研时，发现岛上植被的主要建群种为茅草，伴生一些灌木和小乔木，已经没有黑松林。根据 2009 年 IRS-P5 卫星的影像数据估算，桥梁山岛生态破坏区面积约为 31 894.2m^2，沙滩区面积约为 14 268m^2，山地植被区面积约为 50 703.6m^2。

2009 年底，国家海洋局启动桥梁山岛生态修复示范工程，工程投资 400 万，历时两年，进行了客土回填、边坡修复和植被修复等工作。2011 年底的监测表明，经修复后桥梁山岛边坡植被覆盖率达到 98% 以上，种植的坡面植物长势良好，海岛土壤质量得到有效改善和提升[①]（图 3-17，图 3-18）。

图 3-17　桥梁山岛修复前、后对比（一）

图 3-18　桥梁山岛修复前、后对比（二）

---

① 资料来源：http://www.soa.gov.cn/soa/management/protection/webinfo/2012/01/1325389627263714.htm。

第四节 白 塔 岛

一、地理概况

白塔岛隶属于浙江省嘉兴市海盐县，是白塔山岛群最大的一个海岛。《中国海岛（礁）名录》记载白塔岛代码为330424000521（夏小明等，2012）。

白塔岛位于杭州湾西北部边缘，最高点地理坐标为 30°27.8′N、120°57.8′E。平面形态形似张开的手掌，呈东-西走向，与大陆最近点距离仅 2.2km，面积 0.152km²，海岸线长 2.047km，最高点高程 47.8m（图 3-19）。

图 3-19　白塔岛地理位置及航空遥感影像

二、海岛环境

（一）海域环境

白塔岛周边海域受钱塘江冲淡水影响较大，潮汐属正规浅海半日潮，平均潮差 2.80m，最大为 4.96m，潮流属规则半日浅海潮流，以往复流运动形式为主，潮流较急，实测最大涨、落潮流流速分别为 2.09m/s 和 1.73m/s，日平均潮流流速约 1.00m/s。年平均表层水温为 16.7℃，实测最高、最低水温分别为 29.7℃和 2.4℃，年平均变幅为 21.4℃。年平均表层盐度为 19.51，实测最高、最低盐度分别为 32.10 和 1.55，年平均变幅为 15.51，日变幅

为 $1 \sim 2$。悬沙浓度较高，平均为 $0.5 \sim 1.0 kg/m^3$，冬大于夏，实测最高为 $1.3 kg/m^3$。水色较浅，透明度小。年平均波高和周期分别为 $0.9m$ 和 $2.8s$，海域以风浪为主，主风浪向为北-北东向，主涌浪向为北北东-北东东向，常浪向为北-北东东向，强浪向为北-北东东向。

(二)地质地貌

白塔岛属大陆基岩岛，是由上侏罗统大爽组、黄尖组火山岩夹沉积岩及燕山晚期钾长花岗斑岩和喜马拉雅期橄榄辉基岩组成的剥蚀低丘陵，地势呈起伏状，无明显山脊和集水线。海岸以基岩为主，海蚀地貌发育，周边水深多小于 $10m$，岛屿附近发育有潮流深槽、冲刷深潭及潮流沙脊，滩地主要为淤泥质潮滩，沉积物主要为黏土质粉砂。

白塔岛海岸类型主要为基岩海岸和砂砾质海岸。砂砾质海岸分布在岛的西侧和西北侧(图 3-20)，主要是秦山核电站建设期间开山取石余下的建筑石料经海岸动力改造后形成；除此之外，全部为基岩海岸(图 3-21)，并发育有各类海蚀地貌，包括海蚀崖、海蚀穴、海蚀洞、海蚀平台等。

图 3-20 白塔岛码头北侧的砾石滩

图 3-21 白塔岛基岩海岸

（三）土壤、植被、动物

白塔岛土壤为由钾长花岗斑岩的风化物形成的黄泥砂土，酸性反应，土层较深厚，部分垦殖土壤已经开始熟化。

白塔岛植被覆盖率较高，主要植被类型有阔叶林、竹林、灌丛和草丛4个植被型组。

阔叶林群落外貌以常绿为主，樟群落是白塔岛的主要常绿阔叶林。据浙江省自然博物馆2012年调查，在地势相对平缓的山坡上，胸径20cm以上的樟树有20余株，而且樟树也是国家重点保护野生植物，此外，海桐群落、冬青群落也有较大的比例。落叶阔叶林以山合欢为主。竹林主要有毛竹群落与水竹群落，分布面积都较大，大茎竹以毛竹为主，小茎竹以水竹为主。灌丛主要有滨柃群落、葛蔓生群落。白塔岛面积最大的是人工栽培的茶群落，常年有人管理。白塔岛草丛有两个植被型，即陆生草丛与湿地高草草丛。陆生的如五节芒群落；湿地高草草丛分布面积很小，主要为互花米草群落。

白塔岛鸟类资源众多，有7种鸟类为国家Ⅱ级保护动物，另有6种鸟类属于浙江省重点保护物种（详见第五章第一节）。

三、自然资源

（一）淡水资源

白塔岛上淡水来源主要为雨水积聚，常年平均降水量为1200mm，年际变化大。岛上有两处人工水塘，面积10～20km²，深度2m（图3-22）。

图3-22 白塔岛上的水塘

（二）旅游景观资源

白塔岛风光旖旎，景色秀美，既有地文景观，如岩石台地、海蚀岩脉、海蚀石阶、微缩山水、柱形石林、海蚀岩窝、狭窄山岙等；也有水文景观，如潮水景观、十字浪、海积滩涂、裂隙滴水、岩窝集水等；生物景观如灰鹭鸟群、鳗苗蟹苗、漫山茶园、竹蹊幽径等；还有气候天象景观，如一日三雾、海上日出、海上明月、海市蜃楼等；同时还包括如观音庙、制茶作坊等部分人文景观资源（图 3-23～图 3-25）。

图 3-23　白塔岛海天一景

图 3-24　白塔岛上的小庙

图 3-25　白塔岛上的茶园蹊径

四、开发利用情况

白塔岛很早就有渔船停靠、避风或留歇作业。明万历《海盐县志》记载："白塔岛山上有白塔因名，山下旧有港，通鲁浦，名白塔潭，海舟都从此出入，后浦塞，舟皆归澈浦"。1964 年海盐县供销社组织人员上岛植树，栽种马尾松、樟。1967 年钱塘江工程管理局公务所曾组织民工上岛采石。1969 年长川坝人民公社接管白塔山后又三度组织人员上岛开发，均因基本条件太差，收效甚微。1979 年秦联村成立林业队，翌年再次上岛垦荒，先后试种过毛竹、茶叶、西瓜、柑橘、桃子、枇杷及其他作物；还试养过肉猪、绵羊、草兔、种鸡等，结果因岛上蝇害严重，只得停止饲养。农村推行联产承包责任制后，利用白塔岛多薄雾、空气清新少尘等有利条件，重点发展茶叶生产，同时加强岛上的生活、生产基本设施，逐步改善能源、通信、海上交通等条件，使白塔岛的开发利用取得了实效。至 1990 年，岛上估计积累固定资产 12 万元，已开垦土地 10hm^2，占全岛总面积的 65.8%，种植茶叶 4.6hm^2。

白塔岛上土地利用现状主要有三大类：农用地、建设用地和裸地。其中，农用地包括果园和茶园，建设用地包括住宅、庙宇、灯塔、风车、码头等，裸地主要是开山炸石后的残留地及水边线上的部分区域。岛上有简易风力发电设备及通信电缆，但已损坏。具体的开发利用情况及位置如图 3-26 所示。

图 3-26　白塔岛开发利用现状

1. 开山炸石残址；2. 高桩码头；3. 砾石滩；4. 简易茅草房；5. 茶园；6. 登岛土路；7. 自动气象站；8. 庙宇；
9. 民房；10. 废旧宅地；11. 水塘；12. 观光石凳；13. 灯塔；14. 发电风车

第五节　狗　山　屿

一、地理概况

狗山屿隶属于浙江省宁波市宁海县强蛟镇。《中国海岛(礁)名录》记载狗山屿代码为330226001721(夏小明等，2012)。

狗山屿位于象山港顶部海域，南北隔海直面象山县和奉化市的陆域，距离大陆最近点 1.50km；海岛面积 2.40hm²，岸线长 853m；最高点海拔 22.0m，地理坐标为 29°29′20″N、121°34′58″E；整岛接近哑铃形(图 3-27)。

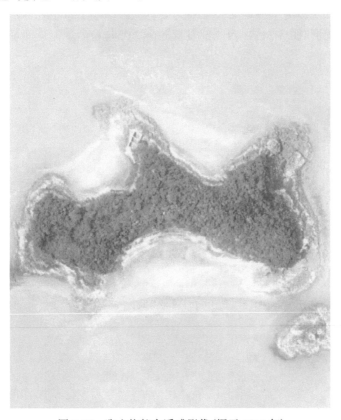

图 3-27　狗山屿航空遥感影像(摄于 2010 年)

二、海岛环境

(一)海域环境

狗山屿位于象山港内。附近海域平均波高 0.4m，平均周期 4.6s。平均潮差 3.18m，潮流为往复流，落潮流速大于涨潮流速。附近海域水清沙少，悬沙浓度为 0.10～0.65kg/m³，淤积不明显。水体营养盐丰富。水体交换特征为上层水体指向湾外，下层水体指向湾内(陈则实等，1992)。

(二)地质地貌

狗山屿主要是由上侏罗统西山头组、茶湾组、九里坪组火山岩及下白垩统朝川组红层组成的侵蚀剥蚀低丘陵，构成低丘陵的岩石主要为上侏罗统九里坪组流纹(斑)岩夹熔结凝灰岩及凝灰质砂砾岩等沉积岩透镜体，上覆黄泥砂土。

潮间带地貌主要有岩滩、砂砾质滩及粉砂淤泥质滩，其中以粉砂淤泥质滩居多。岩滩主要分布在该岛的东西两侧及北部的基岩岬角，海蚀阶地及海蚀平台发育(图 3-28)。岛的东南部有海蚀崖发育(图 3-29)。砂砾质滩和粉砂淤泥质滩主要分布于该岛较为平坦的潮间带的上部或岬角间的湾岙内，大多沿岸成带分布(图 3-30)。

狗山屿东北部岬湾湾顶滩地类型主要为砂砾质滩，潮上带主要为基岩，潮间带与潮下带有大量贝壳碎屑(图 3-31)。西北部发育砂砾质滩与粉砂淤泥质滩(图 3-32)。

图 3-28　狗山屿岩滩海蚀阶地与海蚀平台

图 3-29　狗山屿海蚀陡崖

图 3-30　狗山屿砂砾质滩和粉砂淤泥质滩
有不同类型的植物生长

图 3-31　狗山屿砂砾质滩

图 3-32　狗山屿砂砾质滩－粉砂淤泥质滩

（三）土壤、植被、动物

土壤母质多为残积物和残坡积物，质地为中壤，土壤类型以红壤为主，粗骨土和石质土在坡度较大、侵蚀强烈的区域有分布。

狗山屿自然植被面积约 2.1 万 m²，其中落叶灌丛分布面积约 1.8 万 m²，常绿灌丛分布面积约 0.16 万 m²，草丛分布面积约 0.1 万 m²，狗牙根群落分布面积约 0.02 万 m²。无人工植被。自然植被分为 3 个植被型组（灌丛、草丛、滨海沙生植被）、4 个植被型（常绿灌丛、落叶灌丛、草丛、草本沙生植被）及 5 个群系（檵木灌丛、野桐灌丛、黄檀灌丛、五节芒群落、狗牙根群落）。

植被以野桐、黄檀、檵木占优势，伴生种主要有杜鹃、龙珠果、栀子、算盘子、豹皮樟、山胡椒等，伴生草本植物主要有五节芒、阔鳞鳞毛蕨、橘草、猪毛蒿、褐果苔草，同时伴生大量藤本植物，群落内还散生马尾松、山合欢、黄连木、四川山矾等少量乔木树种。草丛主要为五节芒群落，滨海沙生植被为狗牙根群落。现存的植被均为次生性植被，植被类型相对简单，组成成分比较单纯，群落结构不复杂。

狗山屿共发现鸟类 5 种，分属 3 目 4 科（表 3-1）。未发现两栖类、爬行类、哺乳类动物。

表 3-1　狗山屿鸟类种数

目	科	鸟种数
鹳形目	鹭科	2
鸽形目	鸠鸽科	1
雀形目	鹎科	1
	伯劳科	1
合计		5

三、自然资源

（一）淡水资源

狗山屿年平均降水量 1522mm，年均降水日数为 170～175d，6～8 月为降水较多的月份；最大日降水量 244.1mm，出现在 9 月。岛陆无地表及地下水源。

（二）景观资源

狗山屿主要景观有砂砾质滩、海蚀崖，均为地质景观。

景观 Ⅰ 为砂砾质滩，位于狗山屿东北部。该海滩背靠基岩，沉积物主要为分选良好的砂及贝壳碎屑，砾石、垃圾及杂物较少。附近岩礁也是垂钓的较好场所。

景观 Ⅱ 为海蚀崖，位于狗山屿东南部。海岛基岩被水冲刷，形成直立陡崖，相对高度约 10m，主要组成物质为基岩，岩石颜色为浅红色，十分壮观。

四、开发利用情况

狗山屿开发利用规模较小。岛体北部修建有一个海带池，面积为 152m², 混凝土、石结构，已废弃(图 3-33)。海带池西侧有一堤坝，长 12.5m，石结构。南部混合滩有渔民张网捕捞作业(图 3-34)。

图 3-33　狗山屿废弃海带池

图 3-34　狗山屿南部张网

为了加强对无居民海岛的管理，浙江省人民政府于 2011 年 10 月在岛体西侧树立海岛名称标志碑，碑中标明了岛屿名称、立碑时间及单位(图 3-35)。根据《浙江省无居民海岛保护与利用规划》(2011 年)，该海岛被列为一般保护类海岛。根据《浙江省海洋功能区划(2011—2020 年)》(2012 版)，该海岛所在区域被列为象山港旅游休闲娱乐区。

图 3-35　狗山屿海岛名称标志碑

参 考 文 献

陈积鸿. 1991. 金山海塘史实//政协上海市金山区委员会, 政协上海市委员会文史资料委员会. 上海文史
　　资料选辑(金山卷). 2007 年第 3 期(总第 123 期).

国家海洋局 908 专项办公室. 2011. 我国近海海洋综合调查与评价专项: 海岛界定技术规程. 北京: 海洋
　　出版社.

国家海洋局东海环境监测中心. 2010. 我国近海海洋综合调查与评价专项——上海市海岛调查总报告.

国家林业局, 农业部. 1999. 《国家重点保护野生植物名录(第一批)》(国家林业局、农业部令第 4 号).
　　http://www.gov.cn/gongbao/content/2000/content_60072.htm.(1999-09-09) [2018-06-10].

国家林业局. 2000. 国家保护的有益的或者有重要经济、科学研究价值的陆生野生动物名录(2000 年 8
　　月 1 日以国家林业局令第 7 号发布实施). http://www.forestry.gov.cn/main/3954/content-959027.html.
　　(2017-03-15) [2018-06.10].

黄秀清. 2013. 中国海岛志·江苏上海卷. 北京: 海洋出版社.

刘阿成, 黄秀清, 王百顺, 等. 2008. 上海海洋资源综合调查与评价. 上海: 同济大学出版社.

邱帧安, 刘苍字, 吴振南, 等. 1996. 上海市海岛资源综合调查报告. 上海: 上海科学技术出版社.

上海自然博物馆, 等. 1990. 上海金山三岛自然保护区建区前调查报告(内部资料).

谭勇华, 杨义菊, 于淼, 等. 2011. 宁波市象山县旦门山岛开发利用具体方案(报批稿). 杭州: 国家海洋
　　局第二海洋研究所.

夏小明, 贾建军, 陈勇, 等. 2012. 中国海岛(礁)名录. 北京: 海洋出版社.

徐韧, 程祥圣, 李亿红. 2013. 上海市海岛调查与研究. 北京: 科学出版社.

杨文鹤. 2000. 中国海岛. 北京: 海洋出版社.

周航, 国守华, 冯志高. 1998. 浙江海岛志. 北京: 高等教育出版社.

中　　篇

示范区海岛生态环境调查监测与评价

第四章 示范区选划与生态系统监测方案

第一节 示范区选划

选划海岛示范区是海岛规划公益项目"产学研用"全链条设计的重要环节，其作用是为海岛规划编制提供必要的资料，并进行示范性应用。需要在示范区海岛开展的工作如下。

（1）示范区海岛（包括岛陆、岛滩和环岛近岸海域）生态、环境、资源、保护与利用的详细调查。通过现场调查，摸清示范区海岛的生态系统特征、资源丰度、环境状况和质量、开发利用现状等，为规划编制提供基础资料。

（2）不同生态类型的无居民海岛生态保护规划编制应用示范。选择不同功能类型的海岛，编制可利用的无居民海岛生态保护规划。

（3）无居民海岛生态管理指标监测与评估示范。利用已经建立的海岛生态管理指标，对不同功能类型的无居民海岛开展监测与评估，以验证相关指标的科学性、合理性和可操作性。

一、示范区选划过程

东海海岛示范区原定方案为"基岩型—工业开发类"海岛生态系统监测与示范，选划原则如下：①示范区海岛的物质组成为基岩类海岛；②示范区海岛应包括至少一个工业开发类无居民海岛；③海岛数量3～4个。

据此选划浙江省嵊泗县的徐公岛—马迹山岛群为东海海岛示范区，包括马迹山岛、徐公岛、北鼎星岛和大戢山岛，均为基岩岛（图4-1）。马迹山岛建有30万t铁矿石码头；北鼎星岛为无居民海岛，岛上进行石料开采，对岛体破坏较严重；徐公岛为有居民海岛，无人居住，当时有外资有意向进行整岛旅游开发；大戢山岛为无居民海岛，岛上有国家二级保护植物，已被国家海洋局设为大戢山海洋特别保护区。

但是，在海岛规划公益项目正式启动后不久，《海岛保护法》于2010年3月1日正式实施，规定"无居民海岛属于国家所有""国务院海洋主管部门负责全国无居民海岛保护和开发利用的管理工作。沿海县级以上地方人民政府海洋主管部门负责本行政区域内无居民海岛保护和开发利用管理的有关工作"。同时，浙江省人民政府于2010年初公布了浙江省第一批无居民海岛名称（浙江省人民政府，2010），徐公岛—马迹山岛群均不在无居民海岛名录之列；后来发现，浙江省人民政府将存在工业开发活动的海岛几乎都划入有居民海岛名录，包括北鼎星岛和大戢山岛。在这种情况下，如果按照原定方案，继续在徐公岛—马迹山岛群进行生态监测和示范性研究，其价值将偏离海岛规划公益项目的初衷——为海洋行政主管部门管理无居民海岛的保护和利用活动提供技术支撑和服务。

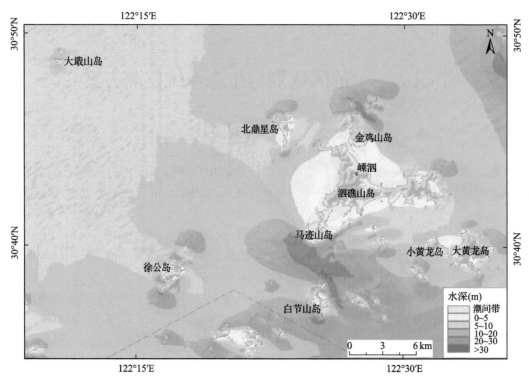

图 4-1 前期东海区海岛示范区选划方案——浙江省嵊泗县徐公岛—马迹山岛群示意图

因此，本文重新遴选东海海岛示范区，选定杭州湾白塔山岛群为东海海岛示范区。鉴于当时白塔山岛群的无居民海岛主要开发活动为海岛生态农业，决定将东海示范区的方向调整为"基岩型—农业开发类"。

二、示范区海岛基本情况

白塔山岛群地处浙江省海盐县东部海域，位于杭州湾西北边缘，隶属于海盐县秦山镇，与秦山核电站隔海相望，与大陆最近点距离仅 2.2km（图 4-2）。目前白塔山岛群归海盐县南北湖旅游集团管理，纳入海盐县旅游发展规划，功能定位为农业生态旅游用岛。

白塔山岛群包含 7 个海岛，均为无居民海岛，海岛陆域面积约 29.7hm²，岸线总长约 5.9km（表 4-1）。整个岛群呈 NNE-SSW 向展布，从北向南依次为北礁、竹筱岛、里礁、马腰岛、马腰东礁、白塔岛和外礁，各岛之间距离 100~250m。最大的 3 个海岛分别是白塔岛、马腰岛和竹筱岛。

主岛白塔岛面积约 15.2hm²，自 1964 年以来断续有采石、林业、茶叶种植、生态农业观光等各类开发活动（周航等，1998）。目前岛上建有码头、自动气象站、灯塔、发电风车等设施，有两层楼房 1 座，平房 6 间（图 3-26）；岛上常住 4 人，以种茶、禽畜饲养和捕鱼为生（聂海峰和杨颖慧，2010）。

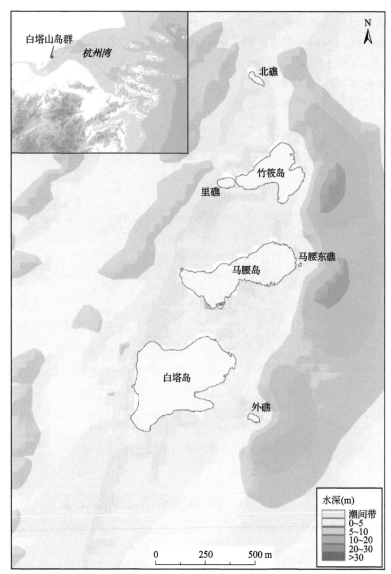

图 4-2　调整后的东海区海岛示范区选划方案——浙江省海盐县白塔山岛群示意图

表 4-1　白塔山岛群概况

序号	海岛名称	代码	位置		面积 (m²)	岸线长度 (m)	高程 (m)	类型	
			东经 (°)	北纬 (°)				社会属性	成因
1	北礁	330424000121	120.968	30.476	3 317	274	6.9	无居民	基岩岛
2	竹筱岛	330424000221	120.970	30.472	50 293	1 243	41.0	无居民	基岩岛
3	里礁	330424000321	120.967	30.471	4 063	267	6.8	无居民	基岩岛
4	马腰岛	330424000421	120.969	30.467	85 512	1 798	36.1	无居民	基岩岛
5	马腰东礁	330424001221	120.971	30.467	201	58		无居民	基岩岛
6	白塔岛	330424000521	120.964	30.463	151 820	2 047	49.7	无居民	基岩岛
7	外礁	330424001421	120.969	30.461	1 721	176		无居民	基岩岛

数据来源：海岛面积与岸线长度引自浙江省 2017 年海岛调查成果数据；其他数据引自《中国海岛（礁）名录》

马腰岛位于白塔岛与竹筱岛之间，与之相距分别为 140m 和 180m，岛上有放养的山羊，搭有简易羊棚。与白塔岛有沙滩相接，低潮时可步行往来。

20 世纪 80 年代初期，竹筱岛曾放养"青紫蓝"草兔，因捕获困难，现已成野兔。岛顶和岛脚处有建筑残址。

里礁上建有国家测绘设施(图 4-3)。

图 4-3　里礁国家大地控制点

第二节　示范区海岛生态系统监测方案

一、监测内容

根据海岛生态系统的特点，将示范区海岛划分为岛陆、岛滩和环岛近岸海域 3 个子系统，各子系统监测内容如下。

(1)岛陆子系统：调查岛陆面积、位置和高程；海岸线位置、类型及分布；岛陆土壤、植物与生物多样性；淡水资源数量及其质量；土地资源利用类型和利用率、主要可利用资源类型及开发利用程度等。

(2)岛滩子系统：重点查清潮间带面积、沉积物类型及环境质量，潮间带生物种类、数量、生物量及生物多样性，潮间带开发利用类型及开发利用程度等。

(3)环岛近岸海域子系统(自海岛平均低潮线向外延伸至不少于 1km 的范围确定为环岛近岸海域)：收集海岛地质条件、工程地质、水文地质等资料；开展水深地形、水动力环境、海水质量、沉积物类型、沉积物质量、初级生产力、浮游生物、游泳动物、底栖生物、海水养殖种类及养殖面积等调查。

二、站位及工作量

(一)调查站位、样线、测线

(1)在白塔山岛群三大海岛上均匀采集土壤样品,综合考虑各取样点能够反映高程、坡度、坡向、植被覆盖及人类活动等因素的差异性和多样性。共采集 30 站土壤样品,其中白塔岛 18 站、马腰岛和竹筱岛各 6 站(图 4-4)。

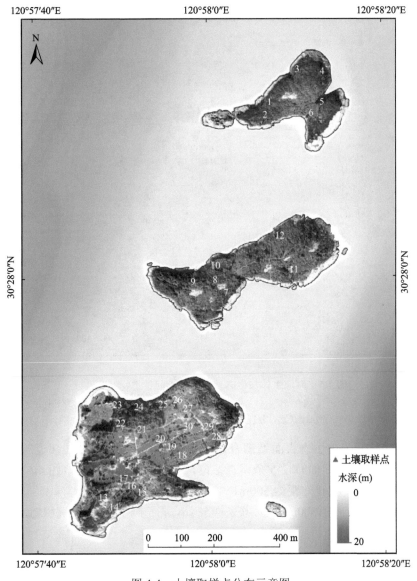

图 4-4 土壤取样点分布示意图

(2)岛陆生物多样性调查采用样地法、样线法、样带法等多种调查方法,结合照相记录、望远镜观察、捕捉标本等手段,调查范围覆盖白塔岛、马腰岛、竹筱岛和里礁。

（3）根据潮间带底质的差别，在白塔山岛群设置 3 个潮间带生物调查断面，分别代表基岩、砂砾质和粉砂淤泥质潮间带；每个断面设高滩、中滩、低滩 3 个测站（图 4-5）。

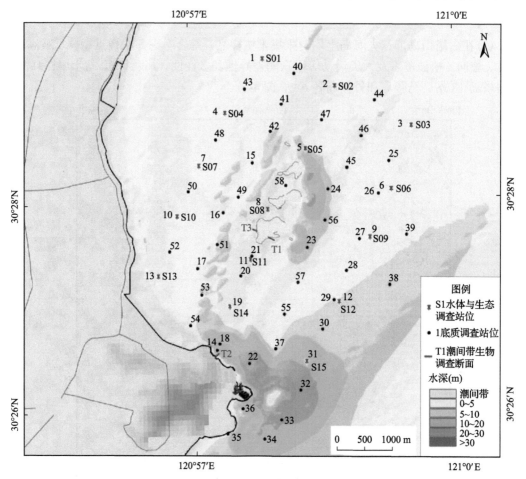

图 4-5　海域水体与生态、底质与潮间带生物调查站位

S1～S15 为海域水体与生态调查站位，站名标注为深蓝色；1～58 为底质调查站位，站名标注为黑色；
T1～T3 为潮间带生物调查断面，分别是岩石滩、粉砂淤泥质滩和砂砾质滩，站名标注为红色

（4）海域水体环境与生态大面站调查以白塔山岛群为中心，在其邻近海域布设了 3 条调查断面，每条调查断面布设 5 个调查站位，共计 15 个调查站位（图 4-5）。

（5）水深测量的主测线间距约 500m，完成测线约 70km（图 4-6）。

（6）底质调查站位间隔 500m 左右，共采样 58 站，进行了粒度分析和沉积物定名（图 4-5）。

（二）主要航次

（1）2010 年 9 月进行了岛陆土壤调查。在浙江省农业科学院进行了土壤肥力测试和土壤环境质量测试。土壤肥力测试项目包括 pH、有机质、全氮、速效氮、速效磷、速效钾 6 项；土壤环境质量测试包括镉、汞、铜、铅、铬、锌、镍 7 种重金属元素和砷元素的含量。

图 4-6　白塔山岛群周边海域水下地形测线

（2）2012 年 5 月进行了遥感解译现场验证。对岛上的土地利用和植被信息进行现场拍照、记录，使用差分 GPS 实测控制点 18 个。

（3）2010 年 7 月至 2012 年 5 月，多次登岛踏勘，调查海岛地质、岸线、岸滩、淡水资源、基础设施、开发利用等情况，进行定位、记录和拍照。

（4）2010 年 11 月至 2011 年 10 月开展了 4 个季节的岛陆生物多样性登岛调查，涉及白塔岛、马腰岛、竹筱岛和里礁。调查内容包括植被分布及维管束植物、昆虫、两栖类、爬行类、鸟类和兽类的生物多样性。重点关注植被类型及其分布，各生物门类物种数、物种名、种群数量（鸟类、兽类、两栖爬行类）、国家重点保护物种、有害物种和海岛特有物种。

（5）2010 年秋季（10 月 5～15 日）及 2012 年春季（5 月 20～28 日）进行了两个航次的潮间带及海域生态环境调查。具体监测要素如下：①海洋水质：悬浮物（SS）、透明度（TS）、水色（Color）、温度（T）、盐度（S）、pH、溶解氧（DO）、活性硅酸盐（SiO_4-Si）、活性磷酸盐（PO_4-P）、亚硝酸盐（NO_2-N）、铵盐（NH_4-N）、硝酸盐（NO_3-N）、无机氮（IN）、溶解有机碳（DOC）、颗粒有机碳（POC）、石油类（Oil）、重金属 7 项（包括汞 Hg、砷 As、铜 Cu、铅 Pb、锌 Zn、镉 Cd、铬 Cr），共 23 项监测参数；②海洋生态：初级生产力、叶绿素 a、浮游植物、浮游动物、大型底栖生物物种组成与分布、数量（生物量和密度）组成与分布、生物多样性分析等；③海洋表层沉积物化学：氧化还原电位（Eh）、硫化物（SP）、总有机碳（TOC）、总氮（TN）、总磷（TP）、石油类（Oil）、重金属 7 项（包括汞 Hg、砷 As、铜 Cu、铅 Pb、锌 Zn、镉 Cd、总铬 Cr），共 13 项监测参数。

(6)2010 年 10 月至 2011 年 10 月，进行了多个航次的海域走航调查，进行表层底质取样、浅地层剖面测量、水深测量、潮流观测等。对 58 站沉积物进行了粒度分析、粒度参数计算和沉积物命名。编制了 1：50 000 水下地形图和底质类型分布图。

三、监测与评价方法

(一)概述

采用了资料收集、遥感解译、现场调查及实验室分析相结合的手段进行示范区海岛生态环境调查。

海岛地质、高程、气象气候、潮汐与潮流等内容主要通过收集近期相关资料分析得到。

海岛岸线、面积、土地利用、植被分类等信息主要采用遥感解译手段，并辅以现场踏勘和验证。

海岛土壤、岛陆生物多样性，潮间带底栖生物，环岛水域的水体环境与生态、底质与水深等要素通过实地观测、现场采样和实验室分析等手段获得。

调查与监测的取样、实验室检测、数据处理与分析评价等遵照国家标准《海洋调查规范》(GB/T 12673—2007)、《海洋监测规范》(GB 17378—2007)、《海洋沉积物质量标准》(GB18668—2002)和《土壤环境质量标准》(GB 15618—1995)，"908 专项"《海岛调查技术规程》和《海洋生物生态调查技术规程》及其他相关行业规范。

(二)方法

1. 遥感解译

以覆盖示范区的高分辨率 WorldView-02 遥感影像(2011 年 12 月 24 日成像)为主，结合"908 专项"航空遥感影像(2008 年成像)、Cartosat-1 遥感影像和 QuickBird 遥感图像，辅以登岛踏勘验证，对海岸线、土地利用和植被类型等要素进行提取和解译。

岸线类型、土地利用类型与植被类型的分类体系参照"908 专项"《海岛调查技术规程》(国家海洋局 908 专项办公室，2005)。

2. 土壤环境质量

在取样点采挖土壤剖面，取 0～20cm 土层样品 2kg 供分析测试之用。

土壤肥力依据土壤 pH、有机质、全氮、速效氮、速效磷和速效钾 6 项指标综合评定(表 4-2)。

参照《土壤环境质量标准》(GB 15618—1995)，选取镉、汞、砷、铜、铅、铬、锌、镍 8 种元素进行检测并评价其土壤环境质量，分为三个等级：一级标准为维持自然背景的土壤环境质量的限制值，一般不会对人类利用活动造成危害；二级标准是保障农业生产，维持人体健康的限制值；三级标准是保障农林生产和植物正常生长的临界值(表 4-3)。

表 4-2　土壤肥力要素中各养分指标判定标准

指标名称	含量范围	判定结果
pH	<6.5	偏酸
	6.5～7.5	中性
	>7.5	偏碱
有机质(g/kg)	>30.0	偏高
	15.0～30.0	中等
	<15.0	偏低
全氮(g/kg)	>2.0	偏高
	1.0～2.0	中等
	<1.0	偏低
速效氮(mg/kg)	>200.0	偏高
	80.0～200.0	中等
	<80.0	偏低
速效磷(mg/kg)	>50.0	偏高
	20.0～50.0	中等
	<20.0	偏低
速效钾(mg/kg)	>150.0	偏高
	60.0～150.0	中等
	<60.0	偏低

注：本表指标根据全国第二次土壤普查资料和相关参考文献综合提出

表 4-3　土壤环境质量标准值[①]

项目	土壤环境质量级别				
	一级(自然背景)	二级			三级
		pH<6.5	6.5≤pH≤7.5	pH>7.5	pH>6.5
镉(mg/kg)	0.20	0.30	0.60	1.0	1.2
汞(mg/kg)	0.15	0.30	0.50	1.0	1.5
砷(mg/kg)	15	40	30	25	40
铜(mg/kg)	35	50	100	100	400
铅(mg/kg)	35	250	300	350	500
铬(mg/kg)	90	150	200	250	300
锌(mg/kg)	100	200	250	300	500
镍(mg/kg)	40	40	50	60	200

---

① 本表参考《土壤环境质量标准》(GB 15618—1995)。2018 年，生态环境部与国家市场监督管理总局发布《土壤环境质量　农用地土壤污染风险管控标准(试行)》(GB 15618—2018)代替《土壤环境质量标准》(GB 15618—1995)。

3. 岛陆生物多样性

植被　采用样方法、样线法和无样地技术相结合的方法进行植被多样性(群落学)调查。在群落代表性地段选取样地，记录其群落总郁闭度、优势种、海拔、坡度、坡向等，样地的地理坐标(经纬度)用 GPS 测定。不同植被类型的样地设置如下(图 4-7)。

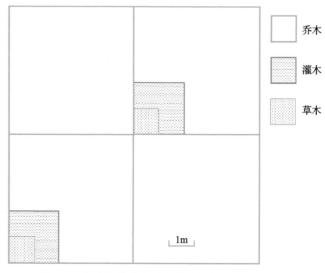

图 4-7　岛陆植物群落乔木样地与样方设置示意图

(1)乔木样地设为 10m×10m，分成 4 个 5m×5m 的小样方，在对角线的两个小样方的左下角划出 2m×2m 的小样方调查灌木层，同样在 2m×2m 的小样方内划出 1m×1m 的小样方调查草本层(图 4-7)。乔木层逐株调查植物种名、树高、胸径、冠幅等，灌木层与草本层记录植物种名、株数(或丛数)、高度、盖度等，并记录层间植物。

(2)灌丛样地面积为 4m×4m，每个样地分为 4 个 2m×2m 的样方；灌木层、草本层分层调查，记录植物种名、株数(或丛数)、高度、盖度等，并记录层间植物。

(3)草丛样地面积为 2m×2m，每个样地分为 4 个 1m×1m 的样方，记录植物种名、株数(或丛数)、高度、盖度等。

以样地为统计单元，对乔木层、灌木层和草本层分别计数，并计算相对多度、相对显著度、相对频度和相对盖度等参数：

$$D_{ri} = \frac{D_i}{\sum_{i=1}^{n} D_i} \times 100 \tag{4-1}$$

$$P_{ri} = \frac{P_i}{\sum_{i=1}^{n} P_i} \times 100 \tag{4-2}$$

$$F_{ri} = \frac{F_i}{\sum_{i=1}^{n} F_i} \times 100 \tag{4-3}$$

$$C_{ri} = \frac{C_i}{\sum_{i=1}^{n} C_i} \times 100 \qquad (4\text{-}4)$$

式中，n 是某样地中物种的数量；D_i、P_i、F_i 及 C_i 分别是第 i 种的株数(或丛数)、胸高断面积、频度和盖度；D_{ri}、P_{ri}、F_{ri} 及 C_{ri} 分别是第 i 种的相对多度、相对显著度、相对频度和相对盖度，单位为%。

用下式计算第 i 种的重要值(importance value，IV)

$$\mathrm{IV}_i = \begin{cases} \dfrac{D_{ri} + P_{ri} + F_{ri}}{3}, & \text{乔木层} \\[2mm] \dfrac{D_{ri} + C_{ri} + F_{ri}}{3}, & \text{灌木层} \\[2mm] \dfrac{C_{ri} + F_{ri}}{2}, & \text{草本层} \end{cases} \qquad (4\text{-}5)$$

维管植物 采用标本采集、照片拍摄、实地种类记录的方法对每个岛进行现场调查。调查的主要内容有：①维管植物物种科属种的数量；②国家重点保护野生植物；③外来入侵种；④海岛特有种。

室内进行标本鉴定、照片鉴定、实地种类记录资料整理，并按不同岛编制植物名录及数据统计，编制白塔山岛群 3 个岛的总名录及数据统计。

昆虫 主要采用样线调查法。根据 3 个岛的特点，因地制宜地设计了不同的样线，采用直接采集、物理诱器采集及化学诱器采集等多种方法获得昆虫标本(表 4-4)。

表 4-4 昆虫学调查的样线设计与标本采集

海岛	岛陆有关特征	样线设计	标本采集
白塔岛	岛上人为活动最为频繁，小路纵横交错，行走便利，兼有风力发电塔可置诱器	整岛"十"字穿越样线	扫网，巴氏罐诱法，灯诱法
马腰岛	无人长期定居，但存在放养山羊、野兔和架网捕鸟行为	"L"形样线	扫网，巴氏罐诱法
竹筱岛	人为干扰最小，整岛植被封闭，行走调查不便	选择相对开阔区域跳跃式定点调查	扫网，巴氏罐诱法

两栖类 采用样线法调查。在白塔山、竹筱岛、马腰岛各布设 1 条 800m 的样线，对样线内两栖类进行调查和统计，记录两栖类的物种数和种群数量，种群数量通过遇见率(只/h)体现。

爬行类 采用样带法调查。在白塔山、竹筱岛、马腰岛各布设 1 条 1km 的样线，样带宽 5m(样线左右各 2.5m)，对样带内爬行类进行调查和统计，记录爬行类的物种数和种群数量，种群数量通过单位面积只数(只/hm²)体现。

鸟类 采用样线法(样带法)调查。设置样线长度为 1km、样带宽度 50m(样线左右两侧各 25m)。调查时间以鸟类活动较频繁的晨、昏为主，使用双筒望远镜和单筒望远镜，通过野外观察、鸣声辨别、摄影取证及活动痕迹辨认(羽毛)等方法记录并统计鸟类的种类和数量。鸟种分类依据《中国鸟类分类与分布名录》(郑光美，2011)。

兽类 由于地理隔离等因素，海岛上兽类种数较少。查阅《浙江动物志•兽类》等资料，初步判断白塔山岛群的兽类以小型兽为主，因此采用铗日法、痕迹法、网捕及访问法等开展调查。

4. 潮间带生物

在基岩潮间带，使用 25cm×25cm 正方形样框取样，收集样框内全部生物样品用于定量分析。砂砾质与泥质潮间带断面同样使用 25cm×25cm 正方形样框，采样时先拾取样框内表面全部生物，再下挖 50cm 深度并用孔径 0.5mm 的筛子筛选出底沙或底泥内生物，一并进行定量分析。每站采集 4～8 样框，所获样品现场浸泡于 7%的甲醛溶液中固定，带回实验室分析。

在定量取样的同时，广泛采集站位周围的各种生物进行定性分析，用以更全面地反映各类潮间带生物组成及分布特征。

将生物样品带回实验室后，先吸干定量样品表面水分，进行种类鉴定，再称重、换算成每平方米个数及生物量(质量)。

采用物种优势度指数(Y)来确定浮游植物、浮游动物、大型底栖生物及潮间带生物的优势种：

$$Y = P_i \times f_i \tag{4-6}$$

$$P_i = \frac{n_i}{N} \tag{4-7}$$

式中，P_i 为样品中第 i 种个体数占总个体数的比例；f_i 为样品中第 i 种在各站位出现的频率；n_i 为样品中第 i 种的个体数；N 为样品中的总个体数。

采用 Shannon-Wiener 公式计算多样性指数(H')：

$$H' = -\sum_{i=1}^{S} \frac{n_i}{N} \log_2 \frac{n_i}{N} \tag{4-8}$$

式中，S 为某站样品中的种类总数；N 为样品中的总个体数；n_i 为样品中第 i 种的个体数。

均匀度(J)采用 Pielou 公式：

$$J = \frac{H'}{\log_2 S} \tag{4-9}$$

5. 水体化学

水体化学、浮游植物和浮游动物、叶绿素 a 和初级生产力、大型底栖生物及沉积物化学等项目的分析测试与评价基于 15 个大面站的样品采集(图 4-5)。

因白塔山岛群周边海域水深小于 50m，故采集表层、5m、10m、20m、30m、底层水样进行水质参数分析，而仅取表层水样进行石油类和重金属分析。

根据《海水水质标准》（GB 3097—1997），采用单项评价标准指数法进行海域水质现状评价，具体评价方法如下。

（1）单项水质评价因子 i 在第 j 取样点的标准指数用下式计算：

$$S_{i,j} = \frac{C_{i,j}}{C_{si}} \tag{4-10}$$

式中，$S_{i,j}$ 为单项水质评价因子 i 在第 j 取样点的标准指数；$C_{i,j}$ 为单项水质评价因子 i 在第 j 取样点的实测浓度（mg/L）；C_{si} 为单项水质评价因子 i 的评价标准（mg/L）。如果评价因子的标准指数值大于 1，则表明该因子的浓度超过了相应的水质评价标准，已经不能满足相应功能区的使用要求；反之，则表明该因子符合功能区的使用要求。

（2）溶解氧（DO）的标准指数为

$$S_{DO_j} = \begin{cases} \dfrac{|DO_f - DO_j|}{DO_f - DO_s}, & \text{当} DO_j \geqslant DO_s \text{时} \\[3mm] 10 - 9\dfrac{DO_j}{DO_s}, & \text{当} DO_j < DO_s \text{时} \end{cases} \tag{4-11}$$

式中，S_{DO_j} 为溶解氧在第 j 取样点的标准指数；DO_f 为饱和溶解氧浓度（mg/L）；DO_j 为第 j 取样点水样溶解氧的实测浓度（mg/L）；DO_s 为溶解氧的评价标准（mg/L）。S_{DO_j} 小于 1 表明该站溶解氧低于相应的水质评价标准，已经不能满足相应功能区的要求；反之，S_{DO_j} 大于 1 则表明该站溶解氧优于相应的水质标准，能够满足功能区的要求。

（3）pH 的标准指数为

$$S_{pH_j} = \begin{cases} \dfrac{7.0 - pH_j}{7.0 - pH_{sd}}, & \text{当} pH_j \leqslant 7.0 \text{时} \\[3mm] \dfrac{pH_j - 7.0}{pH_{su} - 7.0}, & \text{当} pH_j > 7.0 \text{时} \end{cases} \tag{4-12}$$

式中，S_{pH_j} 为 pH 在第 j 取样点的标准指数；pH_j 为 j 取样点水样的 pH 实测值；pH_{sd} 为评价标准规定的下限值；pH_{su} 为评价标准规定的上限值。

6. 叶绿素 a 和初级生产力

使用有机玻璃采水器采集水样。叶绿素 a 测定用水样采集与实验室分析均按照《海洋调查规范》的要求进行。初级生产力的培养用水按海面入射光衰减逐层采集，透明度不足 0.5m 时只采集表层水样。水样加入培养瓶前，经过 280μm 孔径的筛绢预过滤，以去除大多数的浮游动物。

使用塞氏盘法测定透明度，按《海洋调查规范》要求测定。叶绿素 a 和脱镁色素的测定使用淬灭荧光法(Holm-Hansen et al., 1965)。初级生产力的测定使用 ^{14}C 同位素示踪法，计算公式为

$$P_V = \frac{(R_s - R_b) \cdot \rho(C)}{R \cdot T} \tag{4-13}$$

式中，P_V 为海洋初级生产力(以 C 计)，单位为 $mg/(m^3 \cdot h)$；R 为加入 ^{14}C 的量，单位为 kBq；R_s 为白瓶样品中 ^{14}C 的放射性活度平均值，单位为 kBq；R_b 为零时间样品中 ^{14}C 的放射性活度，单位为 kBq；$\rho(C)$ 为海水中二氧化碳的总浓度，单位为 mg/m^3；T 为培养时间，单位为 h。

7. 浮游植物与浮游动物

浮游植物样品使用浅Ⅲ型浮游生物网自底层至表层垂直拖网采集，并用 Hydro-bios 流量计记录滤水量。样品用 2%中性甲醛溶液固定，经浓缩后用 Leica DM2500 显微镜观察、鉴定和计数。

浮游动物样品使用装有进口流量计的浅Ⅰ型浮游生物网从底层至表层垂直拖网采集，装入 600ml 的塑料瓶中，加 5%甲醛溶液固定保存。在室内挑去杂物后，以湿重法称量浮游动物生物量，然后，在显微镜和体视镜下对样品进行种属鉴定和计数。

8. 大型底栖生物

使用 $0.1m^2$ 的进口采泥器采样，每站采集平行样品 2 个。获得的沉积物样品过 0.5mm 孔径的套筛、冲洗出生物样品，将生物样品装瓶后浸于 5%甲醛溶液中固定，带回实验室进行种类鉴定分析。生物质量用 0.01g 感量扭力天平称量。

9. 沉积物类型与沉积物化学

采用锚式采样器在白塔山岛群邻近海域获得 58 个表层底质样品(其中 15 个站位与图 4-5 所示海域生态大面站重合，取双样，一份进行沉积物分析、另一份冷藏保存带回实验室进行沉积物化学分析)。使用英国马尔文 MAM5005 型激光粒度仪进行粒度分析。采用尤登—温德沃斯等比制分级方案(Udden-Wentworth scale)划分粒级，再按照谢帕德方案(Shepard，1954)对表层沉积物进行命名(图 4-8)。

对其中 15 站进行沉积物化学分析，分析项目包括氧化还原电位、硫化物、总有机碳、总氮、总磷、石油类和重金属(铜、铅、镉、锌、铬、汞、砷)。依据《海洋沉积物质量标准》(GB18668—2002)，采用单因子指数法对沉积物环境质量进行评价。

10. 水深测量

使用丹麦 Teledyne Odom 公司的 Echotrac CVM 双频测深仪在白塔山岛群周边水域进行水深测量，测线间距 500m；测量期间使用 HyPack 导航软件、差分 GPS 定位，定位精度优于 1m，获得水深测线 70km。将测量结果进行水位订正后统一至国家 85 高程基准，利用 ArcGIS 软件进行水深插值和等深线绘制。

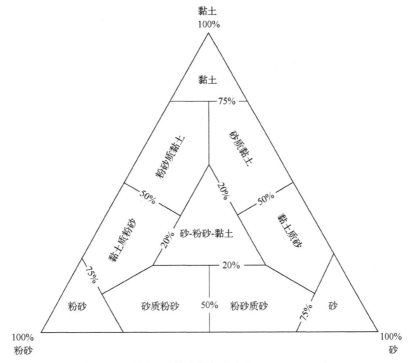

图 4-8　碎屑沉积物分类与命名(Shepard，1954)

参 考 文 献

陈则实, 王建文, 汪兆椿, 等. 1992. 中国海湾志 第五分册(上海市和浙江省北部海湾). 北京: 海洋出版社.

国家海洋局 908 专项办公室. 2005. 我国近海海洋综合调查与评价专项: 海岛调查技术规程. 北京: 海洋出版社.

国家海洋局 908 专项办公室. 2006. 我国近海海洋综合调查与评价专项: 海洋生物生态调查技术规程. 北京: 海洋出版社.

国家环境保护局, 国家技术监督局. 1995. 土壤环境质量标准(GB 15618—1995). http://kjs.mep.gov.cn/hjbhbz/bzwb/trhj/trhjzlbz/199603/t19960301_82028.shtml. (1996-03-01) [2018-06-10].

聂海峰, 杨颖慧. 2010. 一座孤岛的守望者. http://www.cnjxol.com/xwzx/jxxw/qxxw/hy/content/2010-04/14/content_1342672.htm. (2010-04-14) [2018-06-10].

夏小明, 贾建军, 陈勇, 等. 2012. 中国海岛(礁)名录. 北京: 海洋出版社.

浙江省人民政府. 2010. 浙江省人民政府关于公布第一批无居民海岛名称的通知(浙政发〔2010〕9 号). https://www.lawxp.com/Statute/s608168.html. (2010-02-21) [2018-06-10].

郑光美. 2011. 中国鸟类分类与分布名录. 2 版. 北京: 科学出版社.

周航, 国守华, 冯志高. 1998. 浙江海岛志. 北京: 高等教育出版社.

Holm-Hansen O, Lorenzen C J, Holmes R W, et al. 1965. Fluorometric determination of chlorophyll. ICES Journal of Marine Science, 30(1): 3-15.

Shepard F P. 1954. Nomenclature based on sand-silt-clay ratios[J]. Journal of Sedimentary Geology, 24(3): 151-158.

第五章　示范区海岛生态系统调查与评价

第一节　岛陆生态子系统

一、气候气象

海盐县位于北亚热带南缘，是典型的东亚季风气候，冬夏季风交替明显，日照充足，水量充沛；夏季湿热多雨，春秋冷暖变化大。受地形(濒临杭州湾)、水系等影响，海盐县夏无酷暑、冬无严寒。

根据海盐县气象台 30 年(截至 2010 年)气象观测数据，结合白塔岛自动气象站 3 年的观测数据(2009~2011 年)的统计，白塔山岛群的主要气候与气象特征值如下。

平均全年无霜期 247d，初霜一般在 11 月 18 日，终霜在翌年 3 月 15 日。

年日照时数 1772.9h，日平均气温稳定通过 10℃的积温年平均值为 5447.9℃。

年平均气温 16.9℃，最冷为 1 月，平均气温 5.3℃，最热为 8 月，平均气温 30.4℃。

年降水量为 1369.1.1mm，3~10 月为多雨期(3~4 月春季阴雨，6~7 月梅雨，8~10 月与台风有关的秋雨)，降水量占全年总水量的 85%。

年蒸发量为 1374.6mm，年平均相对湿度 78%。

年平均风速 2.4m/s，以偏南风为主。

≥6 级大风日有 52d；冷空气影响 16 次，暴雨日数 4d，年雾日 62d。

二、地质地貌

白塔山岛群属大陆基岩岛，由上侏罗统大爽组、黄尖组火山岩夹沉积岩，以及燕山晚期钾长花岗斑岩和喜马拉雅期橄榄辉基岩组成；岛陆地势起伏，无明显山脊和集水线。白塔岛、马腰岛、竹筱岛和里礁上覆土壤并生有植被，土壤类型为由钾长花岗斑岩的风化物形成的黄泥砂土，酸性反应，土层较深厚，部分垦殖土壤已经开始熟化。余下海岛皆为裸露基岩，无土壤覆盖(周航等，1998)。

白塔岛平面形状似蘑菇，双峰结构，在 35m 等高线附近分化为东西双峰，海岛最高点位于西峰，高程 49.7m，东部最高点高程 47.4m。

马腰岛平面形似动物肾脏，双峰结构，在 20m 等高线附近分化为东西双峰，海岛最高点位于东峰，高程 36.1m，东部最高点高程 32.2m。

竹筱岛平面形似蝴蝶，单峰结构，海岛最高点高程 39.0m。

三、海岛面积与岸线

白塔山岛群陆地总面积 29.7hm²，其中白塔岛(15.1hm²)、马腰岛(8.6hm²)和竹筱岛(5.0hm²)面积较大，其余各岛面积均不足 1hm²。

白塔山岛群岸线总长为5863m，其中基岩岸线5310m，占90%以上。白塔岛西北部有砾质岸线，马腰岛西部分布有砂质岸线，共计514m；唯一的人工岸线位于白塔岛西部码头，长约39m(图5-1，表5-1)。事实上，白塔岛西北部的砾质岸线是人类活动与自然营力共同作用的结果：该地曾经开山取石，岸边遗留大量碎石，经海岸动力淘选、磨蚀，形成今日可见的砾石滩(图3-20)。

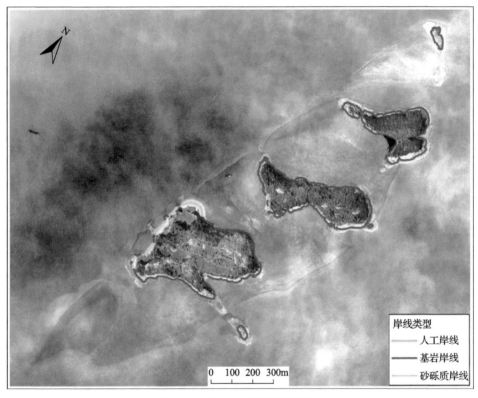

图5-1　白塔山岛群岸线类型分布

表5-1　白塔山岛群岸线类型

海岛	岸线长度(m)	岸线类型
北礁	274	基岩岸线
竹筱岛	1243	基岩岸线
里礁	267	基岩岸线
马腰岛	1798	基岩岸线96.8%；砂砾质岸线3.2%
马腰东礁	58	基岩岸线
白塔岛	2047	基岩岸线75.8%；砂砾质岸线22.3%；人工岸线1.9%
外礁	176	基岩岸线

四、淡水

岛上缺乏淡水，全靠自然降水，生活用水主要靠蓄水池。岛上有三处蓄水池，山腰有一饮用水塘，面积约 40m^2，深 3m（图 5-2）；下坡紧接有一平底坑，面积 30m^2，深 4m，用于洗菜洗衣；再下近山脚处有一两米见方的水坑，水质甚差，仅供施肥、喷药等用。

图 5-2 白塔岛上的水塘

五、土壤

示范区海岛土壤为黄壤，土壤总体土层较厚，大部分地方土层厚度都在 40cm 以上，可以满足作物生长的需要；质地以粉壤、壤质土为主；偏酸性，比较适合酸性作物生长，如茶叶等，喜中性及碱性的作物不适宜在白塔山三岛种植。

示范区海岛未开发利用的土壤，其有机质、全氮、速效氮、速效磷、速效钾含量都较高，利于作物生长；一经开发利用，海岛土壤的有机质和土壤速效磷会快速下降，导致土壤肥力减退（表 5-2），因此海岛土壤开发利用后一定要注意保持土壤有机质、及时补充磷肥。

表 5-2 示范区海岛表层土壤（0～20cm）主要肥力指标检测结果

站号	所在海岛	pH	有机质(g/kg)	全氮(g/kg)	速效氮(mg/kg)	速效磷(mg/kg)	速效钾(mg/kg)
1	竹筱岛	4.3	31.8	1.5	183.6	31.0	125.2
2	竹筱岛	3.9	27.6	1.2	148.7	148.0	93.4
3	竹筱岛	4.3	63.0	3.1	302.8	396.4	146.5
4	竹筱岛	4.3	43.6	2.3	290.6	480.5	124.8
5	竹筱岛	4.1	150.9	4.4	536.5	207.3	128.2
6	竹筱岛	4.0	91.5	4.4	422.7	794.0	136.0
7	马腰岛	4.4	31.2	1.5	201.1	47.4	116.5
8	马腰岛	4.2	35.7	1.6	204.9	224.6	108.7
9	马腰岛	3.8	110.4	4.2	462.9	219.2	183.8
10	马腰岛	4.3	45.8	1.9	254.2	389.1	78.4
11	马腰岛	4.1	46.0	1.8	247.4	275.5	181.5
12	马腰岛	4.1	43.0	2.1	285.3	853.4	154.8

续表

站号	所在海岛	pH	有机质(g/kg)	全氮(g/kg)	速效氮(mg/kg)	速效磷(mg/kg)	速效钾(mg/kg)
13	白塔岛	4.4	46.7	2.2	248.1	4.8	72.5
14	白塔岛	4.3	26.3	1.0	132.0	2.3	117.4
15	白塔岛	5.0	25.4	1.0	122.2	3.4	94.5
16	白塔岛	4.8	16.5	0.7	110.8	119.4	121.4
17	白塔岛	4.9	25.4	1.0	126.7	30.7	145.4
18	白塔岛	4.4	27.0	1.2	162.4	6.2	106.2
19	白塔岛	4.2	32.7	1.5	181.4	6.9	107.0
20	白塔岛	4.2	26.8	1.2	138.1	13.4	79.6
21	白塔岛	4.1	25.8	1.0	157.1	8.8	73.6
22	白塔岛	4.3	57.3	2.4	308.8	5.8	117.0
23	白塔岛	4.4	39.5	1.7	268.6	6.8	90.6
24	白塔岛	4.2	50.8	2.5	289.9	3.5	93.8
25	白塔岛	4.3	46.8	2.3	236.0	8.2	106.2
26	白塔岛	4.3	57.5	2.7	254.2	3.7	87.2
27	白塔岛	4.3	72.0	3.3	383.2	2.9	75.2
28	白塔岛	4.4	27.7	1.3	185.9	4.5	136.8
29	白塔岛	4.6	39.0	1.6	224.6	3.1	130.0
30	白塔岛	4.4	21.0	0.8	126.0	21.0	49.6

注：本数据由农业部农产品及转基因产品质量安全监督检验测试中心(杭州)检测提供；数值底色表示肥力评价结果，绿色为高，黄色中等，灰色为低

除汞外，其他 7 种重金属含量均未超出一级土壤环境质量标准，种植一般农作物不会受重金属污染危害(表 5-3)。

表 5-3　示范区海岛表层土壤(0~20cm)主要重金属含量检测结果　（单位：mg/kg）

站号	海岛	镉	汞	砷	铜	铅	铬	锌	镍	环境质量评价
3	竹筱岛	0.08	0.36	6.2	9.1	22.2	56.6	63.7	18.5	自然背景，汞二级
6	竹筱岛	0.10	0.54	6.8	12.8	28.9	63.9	60.4	23.0	自然背景，汞二级
8	马腰岛	0.06	0.29	4.2	9.2	23.2	36.6	48.2	10.6	近自然背景，汞二级
12	马腰岛	0.09	0.36	3.5	10.1	22.5	26.8	56.7	14.7	近自然背景，汞二级
13	马腰岛	0.05	0.34	6.0	8.4	18.2	51.0	60.9	27.6	近自然背景，汞二级
16	白塔岛	0.07	0.20	3.7	10.4	20.9	27.5	60.0	13.5	有人类活动，汞二级
21	白塔岛	0.05	0.28	3.7	7.6	18.0	26.3	59.4	15.8	有人类活动，汞二级
23	白塔岛	0.07	0.46	4.0	8.2	18.8	30.1	57.1	19.0	有人类活动，汞二级

注：本数据由农业部农产品及转基因产品质量安全监督检验测试中心(杭州)检测提供；数值底色表示肥力评价结果，绿色为一级，黄色为二级

六、生物资源

(一)植被

植被调查显示,示范区三个大岛及里礁均有植被覆盖,共有 4 个植被型组、8 个植被型、22 个群系组和 23 个群系(表 5-4)。主要有阔叶林、竹林、灌丛和草丛 4 个植被型组。白塔岛、马腰岛的群落外貌以常绿为主,竹筱岛的群落外貌常绿与落叶兼有、以落叶为主。

表 5-4 白塔山三岛主要植被类型及其系统

植被型组	植被型	群系组	群系	分布
阔叶林	I 常绿阔叶林	1 樟常绿阔叶林	(1)樟群落	白塔岛、马腰岛、竹筱岛
		2 海桐常绿阔叶林	(2)海桐群落	白塔岛
		3 冬青常绿阔叶林	(3)冬青群落	白塔岛、竹筱岛
	II 常绿落叶阔叶混交林	4 冬青山落叶阔叶混交林	(4)冬青山合欢群落	竹筱岛
		5 枇杷落叶阔叶混交林	(5)枇杷沙梨栽培群落	白塔岛
	III 落叶阔叶林	6 山合欢落叶阔叶林	(6)山合欢群落	白塔岛、竹筱岛
竹林	IV 暖性竹林	7 暖性山地竹林	(7)毛竹林	白塔岛、马腰岛
			(8)水竹林	白塔岛、竹筱岛
		8 暖性竹阔叶混交林	(9)毛竹海桐竹阔叶混交林	白塔岛
灌丛	V 常绿灌丛	9 茶常绿灌丛	(10)茶群落(栽培)	白塔岛
		10 滨柃常绿灌丛	(11)滨柃群落	马腰岛
	VI 落叶蔓生灌丛	11 葛蔓生灌丛	(12)葛群落	马腰岛
		12 牯岭蛇葡萄蔓生灌丛	(13)牯岭蛇葡萄群落	竹筱岛
草丛	VII 陆生草丛	13 夏天无草丛	(14)夏天无群落	马腰岛
		14 酢浆草草丛	(15)酢浆草群落	马腰岛
		15 龙葵草丛	(16)龙葵群落	马腰岛
		16 野菊草丛	(17)野菊群落	竹筱岛
		17 五节芒草丛	(18)五节芒群落	白塔岛
		18 大狗尾草草丛	(19)大狗尾草群落	竹筱岛
		19 鸭跖草草丛	(20)鸭跖草群落	竹筱岛
		20 麦冬草丛	(21)麦冬群落	竹筱岛
	VIII 湿地高草草丛	21 芦苇高草草丛	(22)芦苇群落	白塔岛
		22 互花米草高草草丛	(23)互花米草群落	竹筱岛

常绿阔叶林以樟林为主,面积较大,尤其是白塔岛与马腰岛,其外貌是以樟林为主的景观,海桐群落、冬青群落也有较大的比例。落叶阔叶林以山合欢为主,尤其是竹筱岛,其外貌以山合欢组成的群落为主体。竹林主要有毛竹群落与水竹群落,分布面积都较大,大茎竹以毛竹为主,小茎竹以水竹为主。

由于示范区海岛离陆地较近，因此海岛特有的植被类型很少，但已有一些区别。例如，海岛特有植被类型滨柃群落已有分布，一些物种如扁担杆等明显矮化等，因此这里可以作为海岛与大陆过渡的中间类型。

遥感解译显示（表 5-5，图 5-3），白塔山岛群总的植被覆盖率为 76.61%。其中白塔岛、马腰岛、竹筱岛和里礁 4 个岛屿上有植被，而外礁、马腰西礁、马腰东礁和北礁 4 个小岛上均无植被分布。灌丛面积最大，占 52.49%，在白塔岛、马腰岛、竹筱岛和里礁上均有分布，主要为算盘子等；其次为茶园，占 13.70%，仅分布于白塔岛上；阔叶林占 13.10%，分布于白塔岛和马腰岛上，主要为樟树及少量杉树；竹林占 10.47%，分布于白塔岛、马腰岛、竹筱岛上；草丛占 10.24%，主要位于白塔岛、马腰岛和里礁。

表 5-5 白塔山岛群植被类型分布面积

海岛	阔叶林（m²）	灌丛（m²）	竹林（m²）	草丛（m²）	茶园（m²）	小计（m²）	植被覆盖率（%）
白塔岛	25 044	45 517	6 411	17 111	31 669	125 752	80.84
马腰岛	5 259	45 490	11 448	5 902	0	68 099	77.72
竹筱岛	0	29 865	6 352	0	0	36 217	72.23
里礁	0	511	0	656	0	1 167	29.77
小计	30 303	121 383	24 211	23 669	31 669	231 235	76.61

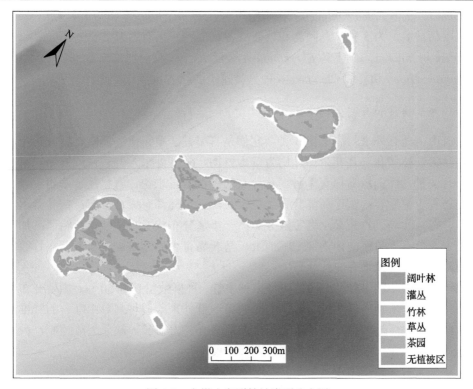

图 5-3 白塔山岛群植被类型分布图

(二)生物多样性

调查共记录维管植物 61 科 109 属 135 种、昆虫 15 目 115 科 392 种、两栖类 1 目 2 科 3 种、爬行类 2 目 3 科 7 种、鸟类 11 目 28 科 61 种、兽类 1 目 1 科 3 种。

白塔岛有维管植物 49 科 75 属 86 种，昆虫 15 目 115 科 385 种，两栖类 1 目 2 科 3 种，爬行动物 2 目 3 科 7 种，鸟类 7 目 20 科 45 种，兽类 1 目 1 科 3 种；马腰岛有维管植物 41 科 59 属 64 种，昆虫 13 目 108 科 333 种，两栖类 1 目 1 科 2 种，爬行动物 2 目 2 科 4 种，鸟类 6 目 18 科 30 种，兽类 1 目 1 科 1 种；竹筱岛有维管植物 44 科 67 属 77 种，昆虫 13 目 104 科 287 种，两栖类 1 目 1 科 2 种，爬行动物 2 目 2 科 3 种，鸟类 5 目 14 科 17 种，兽类 1 目 1 科 1 种。

(三)国家重点保护物种

国家重点保护野生植物仅有樟 1 种，为国家二级保护植物。三个大岛均有樟分布，且都形成群落，具有较大的分布面积，尤其是白塔岛，胸径在 20cm 以上的大树有 20 余株。

属于国家重点保护物种的动物有 7 种，均为国家 II 级重点保护的鸟类，包括鹗 *Pandion haliaetus*、凤头蜂鹰 *Pernis ptilorhynchus*、凤头鹰 *Accipiter trivirgatus*、普通鵟 *Buteo buteo*、燕隼 *Falco subbuteo*、日本松雀鹰 *Accipiter gularis* 和红角鸮 *Otus sunia*。其中，白塔岛最多，为 5 种，马腰岛和竹筱岛各有 2 种。另有白鹭 *Egretta garzetta*、夜鹭 *Nycticorax nycticorax*、三宝鸟 *Eurystomus orientalis*、牛头伯劳 *Lanius bucephalus*、棕背伯劳 *Lanius schach* 和喜鹊 *Pica pica* 6 种鸟类属于浙江省重点保护物种。

(四)外来物种和有害生物

白塔山三岛有外来入侵植物 6 种，它们是喜旱莲子草、垂序商陆、钻叶紫菀、一年蓬、加拿大一枝黄花、互花米草，均为草本植物。6 种外来入侵种在竹筱岛均有分布，马腰岛有 4 种，而白塔岛仅有 1 种。从分布的种群数量来说，喜旱莲子草相对较少，仅在竹筱岛有少量分布；垂序商陆分布数量较多，三个岛都有成片分布；钻叶紫菀分布数量较少，在马腰岛、竹筱岛上有零散分布；一年蓬分布状况与钻叶紫菀相似；加拿大一枝黄花主要分布于竹筱岛西南部空旷地上，马腰岛有少量分布；互花米草在竹筱岛东北角与西南角的小海湾上有成片分布。

记录到入侵动物 1 种——两栖类外来种牛蛙，种群数量超过 50 只，主要分布在白塔山半山腰的一个水塘中。牛蛙是我国公布的第一批外来入侵种名单中唯一的脊椎动物。由于它们的食性广泛多样，个体适应环境的能力强，寿命长，缺乏天敌控制，种群增长极为迅速，一旦在一个地方建立种群，则极难根除。

(五)海岛特有物种

在白塔山三岛中，海岛特有植物仅调查到 3 种，它们是海桐花科的海桐、山茶科的滨柃、菊科的普陀狗娃花。海桐为常绿灌木，花瓣白色，有芳香味，蒴果成熟时 3 瓣开裂，露出红色的种，为园林绿化的观赏植物，三岛均有分布。滨柃为常绿灌木，叶色亮绿密集，树体低矮，是海岛植被的主要类型，三岛中仅马腰岛有分布。普陀狗娃花为菊科二年生或多年生植物，是十分美丽的观赏植物，三岛中仅竹筱岛有分布。

　　总体上示范区海岛植被良好，类型缺乏，植物、昆虫和鸟类为主要生物门类。不同岛屿物种多样性差异较大，但基本保持稳定。白塔山三岛由于离大陆较近，受到较多的人为干扰，生态和生物多样性受人为影响较大，海岛生态和生物多样性保护现状值得关注。

　　以下是示范区海岛典型植被及生物物种照片。

白英群落　　　　　　　　　　　　　　　茶群落

樟群落　　　　　　　　　　　　　　　茯生紫堇群落

葛群落　　　　　　　　　　　　　　　冬青群落

芦苇群落

山合欢群落

商陆群落

五节芒群落

野菊群落

拟步甲

金线侧褶蛙

王锦蛇

白头鹎

在竹筱岛繁殖的鹭鸟

网上的白腹鸫

从鸟网上解救的栗鹀

从鸟网上解救的灰背鸫

凤头蜂鹰

牛头伯劳

小太平鸟

普通夜鹰

鸲姬鹟

捕获黄毛鼠

岛上放养的山羊

七、土地利用

通过遥感解译和现场调查，参照"908专项"土地利用分类体系，在白塔山岛群识别出11类土地利用类型，包括旱地、茶园、有林地、公共设施用地、灌木林地、其他草地、农村宅基地、公共设施用地、宗教用地、裸地等（表5-6，图5-4）。[①]

表5-6 白塔山岛群土地利用类型及面积

序号	土地利用	面积（m²）	百分比（%）
1	旱地	182	0.06
2	茶园	31 669	10.49
3	有林地	31 492	10.43
4	灌木林地	144 405	47.84
5	其他草地	23 669	7.84
6	农村宅基地	1 533	0.51
7	公共设施用地	92	0.03
8	宗教用地	241	0.08
9	殡葬用地	11	0.00
10	道路	1 085	0.36
11	裸地	67 463	22.35
	总计	301 842	100.00

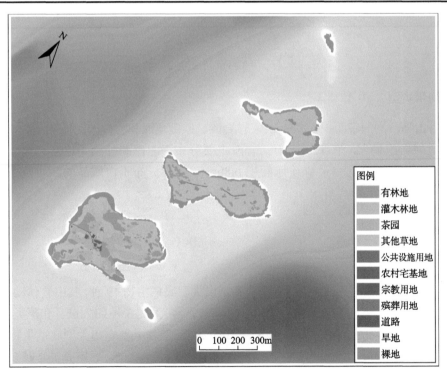

图5-4 白塔山岛群土地利用类型分布图

[①] 《土地利用现状分类》（GB/T 2010—2017）将原"有林地"细分为"乔木林地""竹林地""红树林地"和"森林沼泽"；将原有"公共设施用地"名称调整为"公用设施用地"；将原"裸地"细分为"裸土地"和"裸岩石砾地"。

白塔山岛群灌木林地面积最大，占 47.84%，在白塔岛、马腰岛、竹筱岛和里礁上均有分布，主要为淡竹、算盘子等；其次为茶园，占 10.49%，仅分布于白塔岛上；有林地占 10.43%，分布于白塔岛和马腰岛上，主要为香樟树和少量杉树；裸地占 22.35%，在各岛均有分布，主要位于白塔岛、马腰岛、竹筱岛的周边，北礁、外礁、马腰东礁 3 个小岛全为裸地。农村宅基地、公共设施用地、宗教用地、殡葬用地只在白塔岛上有分布，在白塔岛和马腰岛上各有一条宽大于 1m 的道路（表 5-6，表 5-7）。

表 5-7　白塔山岛群土地利用类型分布表　　　　　　　（单位：m²）

海岛	旱地	茶园	有林地	灌木林地	其他草地	农村宅基地	公共设施用地	宗教用地	殡葬用地	道路	裸地	总计
白塔岛	182	31 669	26 233	50 739	17 111	1 533	92	241	11	351	27 399	155 561
外礁	0	0	0	0	0	0	0	0	0	0	1 641	1 641
马腰岛	0	0	5 259	56 938	5 902	0	0	0	0	734	18 782	87 615
马腰东礁	0	0	0	0	0	0	0	0	0	0	344	344
竹筱岛	0	0	0	36 216	0	0	0	0	0	0	13 925	50 141
里礁	0	0	0	511	656	0	0	0	0	0	2 753	3 920
北礁	0	0	0	0	0	0	0	0	0	0	2 428	2 428
小计	182	31 669	31492	144 404	23 669	1 533	92	241	11	1 085	67 272	301 650

第二节　岛滩生态子系统

一、潮间带类型

白塔山岛群潮间带面积 130.0hm²，有岩滩、砂砾质滩和粉砂淤泥质滩三类，其中粉砂淤泥质滩面积最大，有 123.5hm²；岩滩主要分布于北礁和外礁周边及三大岛的基岩岬角附近，面积 5.7hm²；砂砾质滩面积 0.8hm²，主要分布于白塔岛的西岸及东侧岬湾（图 5-5）。

二、潮间带底栖生物

（一）物种

2010 年秋季（10 月 5～15 日）航次共鉴定出大型底栖生物 19 种，其中软体动物最多，为 8 种（占 42%），以下依次为甲壳类 7 种（占 37%）、多毛类 3 种（占 16%）和藻类 1 种（占 5%）（表 5-8、图 5-6a）。2012 年春季（5 月 20～28 日）航次共鉴定出大型底栖生物 15 种，其中多毛类最多，为 7 种（占 47%），此外软体动物 3 种（占 20%）、甲壳类 2 种（占 13%）和藻类 3 种（占 20%）（表 5-9、图 5-6b）。

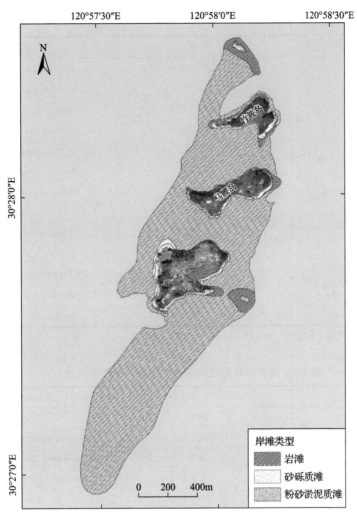

图 5-5 白塔山岛群潮间带类型分布图

表 5-8 白塔山岛群潮间带生物种类名录表（秋季航次）

序号	中文名	拉丁名*
一	**藻类**	**algae**
1	鹧鸪菜	*Caloglossa leprieurii*（Montagne）J. Agardh
二	**多毛类**	**polychate**
2	双鳃内卷齿蚕	*Aglaophamus dibranchis*（Grube）
3	日本刺沙蚕	*Neanthes japonica*（Izuka）
4	粗突齿沙蚕	*Leonnates decipiens* Fauevl
三	**软体动物**	**mollusk**
5	齿纹蜓螺	*Nerita yoldii*Récluz
6	粗糙滨螺	*Littoraria scabra*（Linnaeus）
7	近江牡蛎	*Crassostrea ariakensis*（Fujita）

续表

序号	中文名	拉丁名*
8	彩虹明樱蛤	*Moerella iridescens*（Benson）
9	缢蛏	*Sinonovacula constricta*（Lamarck）
10	江户明樱蛤	*Moerella jedoensis*（Lischke）
11	焦河篮蛤	*Potamocorbula ustulata*（Reeve）
12	河蚬	*Corbicula fluminea*（O. F. Müller）
四	**甲壳类**	**crustacea**
13	粗腿厚纹蟹	*Pachygrapsus crassipes* Randall
14	细管居蜚	*Cerapus tubularis* Say
15	尖额双眼钩虾	*Ampeliscaacutifortata*Ren
16	平背蜞	*Gaetice depressus*（De Haan）
17	痕掌沙蟹	*Ocypode stimpsoni* Ortmann
18	光背团水虱	*Sphaeroma retrolaeve* Richardson
19	俄勒冈外团水虱	*Exosphaeroma oregonensis*（Dana）

* 表中序号为阿拉伯数字的物种给出拉丁种名，序号为汉字的大类给出英文，用加粗正体表示

表 5-9　白塔山岛群潮间带生物种类名录表（春季航次）

序号	中文名	拉丁名*
一	**藻类**	**algae**
1	管浒苔	*Enteromorpha tubulosa*（Kützing）
2	盘苔	*Blidingia minima*（Nägeli ex Kützing）Kylin
3	缘管浒苔	*Enteromorpha linza*（Linnaeus）J. Agardh
二	**多毛类**	**polychate**
4	背蚓虫	*Notomastus latericeus* Sars
5	囊叶齿吻沙蚕	*Nephthys caeca*（Fabricius）
6	多鳃齿吻沙蚕	*Nephtys polybranchia* Southern
7	加州齿吻沙蚕	*Nephtys californiensis* Hartman
8	双鳃内卷齿蚕	*Aglaophamus dibranchis*（Grube）
9	小头虫	*Capitella capitate*（Fabricius）
10	异蚓虫	*Heteromastus filiformis*（Claparède）
三	**软体动物**	**mollusk**
11	粗糙滨螺	*Littoraria scabra*（Linnaeus）
12	近江牡蛎	*Crassostrea ariakensis*（Fujita）
13	齿纹蜓螺	*Nerita yoldii*Récluz
四	**甲壳类**	**crustacea**
14	俄勒冈外团水虱	*Exosphaeroma oregonensis*（Dana）
15	高峰条藤壶	*Striatobalanus amaryllis*（Darwin）

* 表中序号为阿拉伯数字的物种给出拉丁种名，序号为汉字的大类给出英文，用加粗正体表示

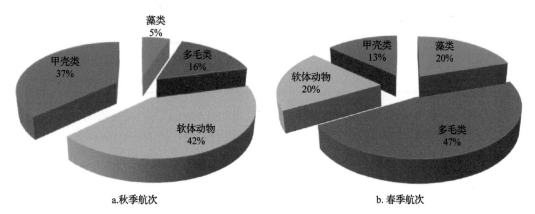

图 5-6　白塔山岛群潮间带生物物种组成

(二) 生境

秋季白塔山岛群潮间带生物以泥滩种类最多，累计出现 11 种，而低潮带出现种类为 7 种，以甲壳类和软体动物为主；沙滩出现种类最少，仅在中潮带和低潮带各出现 1 种（图 5-7）。春季航次以岩滩的种类最多，累计出现 6 种，由藻类、甲壳动物和软体动物组成；种类数量最少的仍为沙滩，仅 5 种，全部由多毛类组成（图 5-7）。

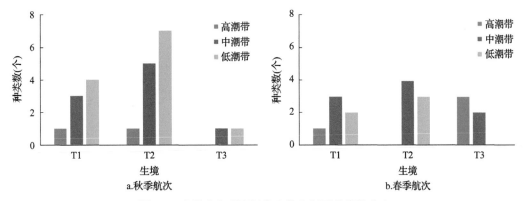

图 5-7　白塔山岛群潮间带生物各断面种类数分布

各剖面的生境类型：T1-岩滩，T2-泥滩，T3-沙滩

(三) 数量组成

白塔山岛群潮间带生物秋季航次平均生物量为 131.68g/m^2，平均密度为 292 个/m^2。生物量中软体动物居显著地位，约占 69.43%；其次为甲壳类，约占 29.25%；藻类和多毛类的生物量很低，二者仅占 1.32%。甲壳类动物密度最高，约占 69.52%；软体动物居第二，约占 21.92%；多毛类密度较低（表 5-10）。秋季航次潮间带生物以软体动物和甲壳类动物为主，二者是该区域潮间带生物的重要构成成分。

表 5-10　白塔山岛群秋季航次潮间带生物数量

数量	藻类	多毛类	软体动物	甲壳类	总计
生物量(g/m²)	0.79	0.94	91.43	38.52	131.68
密度(个/m²)	—	25	64	203	292

　　春季航次白塔山岛群潮间带生物平均生物量为 194.04g/m²，平均密度为 75 个/m²。生物量中软体动物居显著地位，约占 86.61%；其次为藻类，约占 13.19%；甲壳类和多毛类的生物量很低，二者仅占 0.20%。多毛类密度最高，约占总密度的 74.67%；软体动物居第二，约占 18.67%；多毛类密度较低(表 5-11)。春季航次潮间带生物以软体动物和多毛类为主，二者是该区域潮间带生物的重要构成成分。

表 5-11　白塔山岛群春季航次潮间带生物数量

数量	藻类	多毛类	软体动物	甲壳类	总计
生物量(g/m²)	25.60	0.38	168.05	0.01	194.04
密度(个/m²)	—	56	14	5	75

（四）优势种

　　白塔山地处杭州湾湾顶，该区域种类数较少，优势种主要为软体动物和甲壳类动物。

（五）多样性指数

　　示范区潮间带生物多样性 H' 值为 0～1.28，生物多样性水平偏低。

第三节　环岛近岸海域生态子系统

一、波浪

　　根据杭州湾北岸乍浦站(1971～1997 年)观测资料进行分析和统计(表 5-12)，年平均波高 0.2m，5～8 月平均波高为 0.3～0.4m。夏季平均波高略大于其他季节，这主要与该站处于杭州湾北岸、夏季盛行偏南风有关。波浪的年平均周期 1.4s。全年常浪向为 SE，强浪向为 E，最大波高 4.8m(1972 年 8 月 17 日)，春、夏季的常浪向为 SE，秋季为 N，冬季为 NW。0～2 级浪占绝对优势，累年出现频率为 97%，3 级浪为 2.6%，4 级浪为 0.4%。全年 1.5m 以上波高仅占 0.6%，多年最大波高超过 2.5m 出现的方位分别为 E～SE 和 SSW～SW，且分别出现在夏季和秋季，而 W～N 向的浪较小。各波向的频率、最大波高、平均波高统计见表 5-12。

表 5-12　杭州湾北岸乍浦站各波向频率、最大波高、平均波高统计表（1971～1997 年）

波向	频率(%)	最大波高(m)	平均波高(m)
N	10	0.7	0.1
NNE	4	1.5	0.1
NE	5.5	1.5	0.2
ENE	3.3	2	0.3
E	12	4.8	0.3
ESE	9.7	3.5	0.3
SE	14.7	2.6	0.3
SSE	3.9	1.6	0.2
S	5.8	1.9	0.2
SSW	2.5	2.8	0.2
SW	3	2.6	0.2
WSW	0.9	2.4	0.2
W	2.2	0.9	0.2
WNW	2.4	1.2	0.2
NW	12.8	1	0.2
NNW	7.3	1.2	0.2

二、潮汐、潮流与含沙量

根据《中国海湾志》的记载（陈则实等，1992），以及收集的杭州湾北岸乍浦和澉浦两处水文站 2010 年全年逐时水位观测资料（图 5-8），分析潮汐、潮流与含沙量特征。

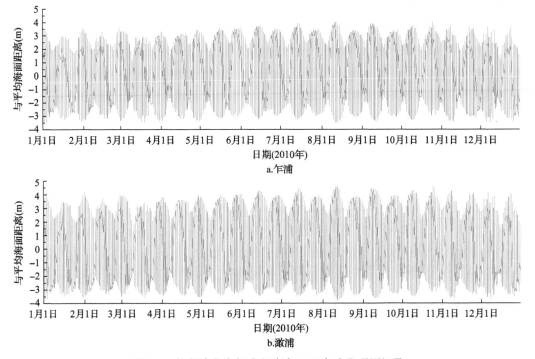

图 5-8　杭州湾北岸乍浦和澉浦 2010 年水位观测记录

杭州湾北岸潮汐属不规则半日潮，潮差大、潮流急。潮波在杭州湾上溯传播过程中，潮差逐渐增大，高潮位从湾口至湾顶沿程增高，低潮位沿程逐步降低。夏半年（春分至秋分）日潮小，夜潮大；冬半年（秋分至春分）则日潮大，夜潮小，有明显的日夜潮不等现象。杭州湾潮流性质属半日潮流，潮流运动基本为往复流，落潮历时普遍明显长于涨潮历时。因杭州湾呈喇叭形，涨潮流流速基本上由湾口向湾顶逐渐增大；嘉兴市海域处于杭州湾北部，受科氏力影响，涨潮主流偏北（陈则实等，1992）。

杭州湾为我国著名的强潮海湾，上海市金山站多年平均潮差 4.25m（陈则实等，1992）。2010 年乍浦站平均潮差 5.04m、最大潮差 7.44m，澉浦站平均潮差 5.77m、最大潮差 8.14m（表 5-13）。

表 5-13　杭州湾北岸测站潮汐特征值（据 2010 年全年水位观测数据统计分析）

特征值	乍浦 (30°36′N，121°05′E)	澉浦 (30°23′N，120°53′E)
平均潮差(m)	5.04	5.77
平均涨潮历时(h:min)	5:24	4:57
平均落潮历时(h: min)	6:51	7:29
最大潮差(m)	7.44	8.14
最小潮差(m)	1.55	1.99
潮型	不规则半日潮	不规则半日潮

在正常气候条件下，冬夏季大潮期间示范区海盐—澉浦水域属高含沙量区，平均含沙量为 2.0~1.4kg/m³，澉浦以西则大于 4.0kg/m³，海盐以东水域则为低值区，平均含沙量在 1.0kg/m³ 以下。含沙量具有以下变化规律：①悬沙含量具有显著的季节变化，在冬季出现高值，最高含沙量出现在为 12 月至翌年 1 月，最低含沙量则出现在 8~9 月；②悬沙含量随大小潮变化，一般而言，大潮平均含沙量与小潮平均含沙量的比值为 2~7，其中表层比值可达 10 以上；③在潮周期内，悬沙含量峰值分别出现在涨急和落急时，憩流时出现低值（陈则实等，1992）。

三、水下地形

测量结果显示（图 5-9），白塔山岛群周边水深普遍在 5m 以内，环岛水域被 2m 等深线包围。岛群东、西两侧有水深超过 5m 槽型水道、呈 NNE-SSW 向展布；东侧 5m 等深线圈闭区的长轴延伸不足 2km，局部水深超过 10m；西侧 5m 等深线未贯通。整体而言，东南深、西北浅，最深处位于白塔山和秦山之间，水深超过 20m。

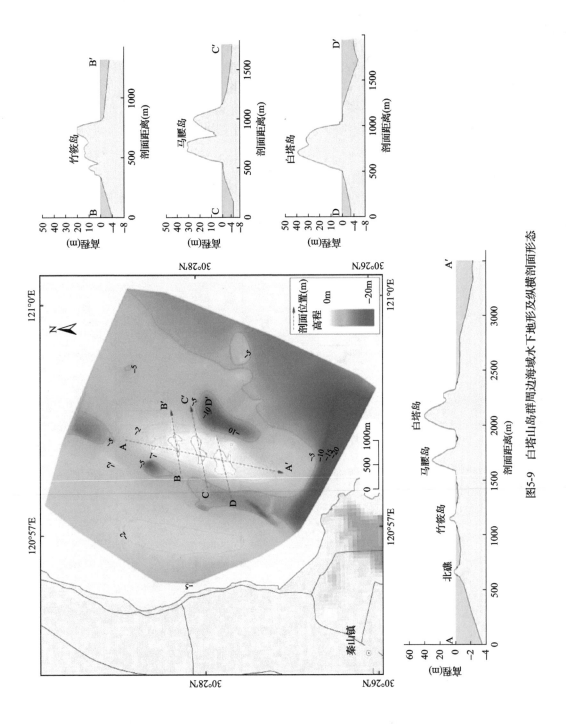

图5-9 白塔山岛群周边海域水下地形及纵横剖面形态

四、表层沉积物

按照谢帕德分类体系，白塔山岛群周边海域表层沉积物有4种类型：砂（S）、粉砂质砂（TS）、砂质粉砂（ST）和黏土质粉砂（YT）。调查区内砂质粉砂分布范围最广；其次是粉砂质砂，见于东北部、东南部及环白塔山岛群的带状区域，这两类沉积物的站位数占总数的84.5%；砂及黏土质粉砂呈斑块状零星分布（图5-10）。

从沉积物的粒度组成来看（图5-11~图5-13），在调查区的东部、东北部和白塔岛周边海域，表层沉积物的主要粒级组分为砂，含量通常超过50%，粉砂粒级组分含量则低

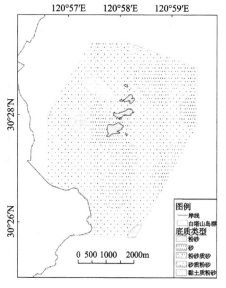

图 5-10　调查区底质类型分布图

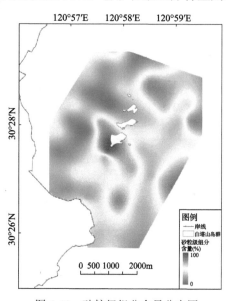

图 5-11　砂粒级组分含量分布图

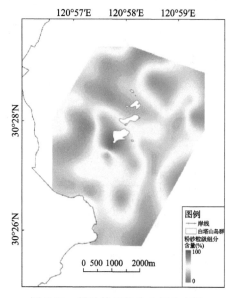

图 5-12　粉砂粒级组分含量分布图

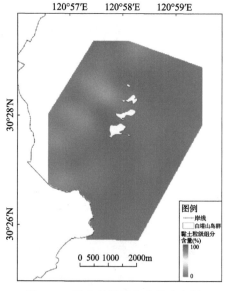

图 5-13　黏土粒级组分含量分布图

于 40%。调查区其他海域，表层沉积物的主要粒级组分为粉砂，含量通常超过 50%，砂含量则低于 30%。黏土粒级组分含量基本以白塔山岛群一线为界，西北面含量通常大于 7%，东南面通常小于 7%。

调查区的沉积物分布应该是物源和水动力共同作用的结果。例如，白塔岛周边出现砂组分含量高的带状区域，其物源应为岛礁局地破碎风化产物。黏土粒级组分含量呈现西北近岸高、东南近杭州湾主槽低的现象，与杭州湾的潮流动力场及长江和钱塘江输运沉积物的粗细差异有密切的关系。

五、海洋环境质量

海洋环境质量标准是确定和衡量海洋环境好坏的一种尺度，具有法律约束力，一般分为三类，即海水水质标准、海洋沉积物标准和海洋生物体残毒标准。本次示范区生态监测进行了海水水质和沉积物质量的分析与评价。

依据国家标准《海水水质标准》(GB 3097—1997)将海水水质分为四类：第一类适用于海洋渔业水域、海上自然保护区和珍稀濒危海洋生物保护区；第二类适用于水产养殖区、海水浴场、人体直接接触海水的海上运动或娱乐区，以及与人类食用直接有关的工业用水区；第三类适用于一般工业用水区、滨海风景旅游区；第四类适用于海洋港口水域、海洋开发作业区。

依据国家标准《海洋沉积物质量》(GB 18668—2002)将海洋沉积物质量分为三类：第一类适用于海洋渔业水域、海洋自然保护区、珍稀与濒危生物自然保护区、海水养殖区、海水浴场、人体直接接触沉积物的海上运动或娱乐区、与人类食用直接有关的工业用水区；第二类适用于一般工业用水区、滨海风景旅游区；第三类适用于海洋港口水域、有特殊用途的海洋开发作业区。

(一)水体环境质量

2010 年秋季和 2012 年春季两个航次 15 站大面水质调查结果列于表 5-14。水质评价结果显示，各站位的海水样品 pH 均达到 I 类海水水质标准，溶解氧除了秋季 B06 站表层样品为 II 类，其余均达到 I 类海水水质标准。

表 5-14 白塔山海域海水水质特征值

参数	范围		均值	
	秋季航次	春季航次	秋季航次	春季航次
温度(℃)	22.1～24.5	22.1～24.0	22.5	22.8
盐度	7.4～7.6	4.3～5.2	7.5	4.8
水色	21	19～21	21	20
透明度(m)	0.05～0.15	0.10～0.30	0.1	0.19
pH	7.94～8.02	8.00～8.05	7.99	8.02
悬浮物(mg/L)	71～1360	60～1727	633	648
溶解氧(mg/L)	8.01～11.60	7.66～8.26	8.92	7.86

续表

参数	范围		均值	
	秋季航次	春季航次	秋季航次	春季航次
石油类(mg/L)	0.012~0.017	0.011~0.018	0.015	0.014
活性硅酸盐(mg/L)	3.014~3.331	2.899~3.051	3.14	2.958
活性磷酸盐(mg/L)	0.066~0.074	0.062~0.068	0.069	0.065
硝酸盐(mg/L)	2.915~3.216	2.197~2.348	3.087	2.268
亚硝酸盐(mg/L)	0.002~0.004	0.000~0.007	0.003	0.003
铵盐(mg/L)	0.006~0.016	0.008~0.034	0.011	0.013
溶解有机碳(mg/L)	1.44~3.41	1.46~2.86	2.14	2.01
颗粒有机碳(mg/L)	1.60~9.64	1.85~8.86	4.65	4.42
铜(μg/L)	2.34~3.24	2.38~3.17	2.71	2.72
铅(μg/L)	0.52~0.86	0.49~0.83	0.64	0.63
镉(μg/L)	0.167~0.268	0.164~0.274	0.21	0.211
锌(μg/L)	5.85~7.30	5.93~7.24	6.5	6.48
铬(μg/L)	0.62~0.84	0.64~0.81	0.72	0.72
汞(μg/L)	0.033~0.061	0.031~0.063	0.044	0.044
砷(μg/L)	2.53~3.53	2.38~3.42	2.96	2.89

表层海水中的重金属除汞外、其他元素所有样品均符合 I 类海水水质标准；汞仅在靠近秦山核电站的 B12、B14 和 B15 三个站位符合 II 类海水水质标准，其他站位均符合 I 类海水水质标准(表 5-15)。

表 5-15 秋季航次表层海水中重金属的水质类别

站位	铜	铅	镉	锌	铬	汞	砷
B01	I	I	I	I	I	I	I
B02	I	I	I	I	I	I	I
B03	I	I	I	I	I	I	I
B04	I	I	I	I	I	I	I
B05	I	I	I	I	I	I	I
B06	I	I	I	I	I	I	I
B07	I	I	I	I	I	I	I
B08	I	I	I	I	I	I	I
B09	I	I	I	I	I	I	I
B10	I	I	I	I	I	I	I
B11	I	I	I	I	I	I	I
B12	I	I	I	I	I	II	I
B13	I	I	I	I	I	I	I
B14	I	I	I	I	I	II	I
B15	I	I	I	I	I	II	I

活性磷酸盐和无机氮的污染严重，所有站位的样品均为劣Ⅳ类（表 5-16）。表层海水石油类含量符合Ⅰ类海水水质标准。

表 5-16　秋季航次海水化学（不含重金属）的水质类别

站位	层次	pH	溶解氧	活性磷酸盐	无机氮	石油类
B01	表	Ⅰ	Ⅰ	劣Ⅳ	劣Ⅳ	Ⅰ
B02	表	Ⅰ	Ⅰ	劣Ⅳ	劣Ⅳ	Ⅰ
B03	表	Ⅰ	Ⅰ	劣Ⅳ	劣Ⅳ	Ⅰ
B04	表	Ⅰ	Ⅰ	劣Ⅳ	劣Ⅳ	Ⅰ
B05	表	Ⅰ	Ⅰ	劣Ⅳ	劣Ⅳ	Ⅰ
	5*	Ⅰ	Ⅰ	劣Ⅳ	劣Ⅳ	/
	10**	Ⅰ	Ⅰ	劣Ⅳ	劣Ⅳ	/
	底	Ⅰ	Ⅰ	劣Ⅳ	劣Ⅳ	/
B06	表	Ⅰ	Ⅱ	劣Ⅳ	劣Ⅳ	Ⅰ
B07	表	Ⅰ	Ⅰ	劣Ⅳ	劣Ⅳ	Ⅰ
	底	Ⅰ	Ⅰ	劣Ⅳ	劣Ⅳ	/
B08	表	Ⅰ	Ⅰ	劣Ⅳ	劣Ⅳ	Ⅰ
B09	表	Ⅰ	Ⅰ	劣Ⅳ	劣Ⅳ	Ⅰ
	5*	Ⅰ	Ⅰ	劣Ⅳ	劣Ⅳ	/
	底	Ⅰ	Ⅰ	劣Ⅳ	劣Ⅳ	/
B10	表	Ⅰ	Ⅰ	劣Ⅳ	劣Ⅳ	Ⅰ
B11	表	Ⅰ	Ⅰ	劣Ⅳ	劣Ⅳ	Ⅰ
B12	表	Ⅰ	Ⅰ	劣Ⅳ	劣Ⅳ	Ⅰ
B13	表	Ⅰ	Ⅰ	劣Ⅳ	劣Ⅳ	Ⅰ
B14	表	Ⅰ	Ⅰ	劣Ⅳ	劣Ⅳ	Ⅰ
B15	表	Ⅰ	Ⅰ	劣Ⅳ	劣Ⅳ	Ⅰ
	5*	Ⅰ	Ⅰ	劣Ⅳ	劣Ⅳ	/
	底	Ⅰ	Ⅰ	劣Ⅳ	劣Ⅳ	/

*水面以下 5m 层位；**水面以下 10m 层位

（二）沉积物环境质量

两个航次的沉积物环境质量调查结果显示，各站位表层沉积物样品中硫化物、石油类、总有机碳及重金属（铜、铅、镉、锌、铬、汞、砷）的含量均符合Ⅰ类沉积物标准（表 5-17）。

表 5-17　白塔山海域表层沉积物环境质量特征值

评价因子	范围		均值	
	秋季航次	春季航次	秋季航次	春季航次
氧化还原电位(mV)	1～488	173～477	264	383
硫化物($\times 10^{-6}$)	0.70～1.83	1.02～9.23	1.12	2.79
总有机碳(%)	0.29～0.97	0.21～0.86	0.62	0.56
总氮(%)	0.010～0.074	0.015～0.075	0.04	0.043
总磷(%)	0.046～0.070	0.046～0.067	0.056	0.055
石油类($\times 10^{-6}$)	11.65～31.47	11.48～28.88	19.9	19.07
铜($\times 10^{-6}$)	20.4～28.6	21.7～28.0	24.9	25.2
铅($\times 10^{-6}$)	20.8～28.6	21.5～28.7	24.5	24.8
镉($\times 10^{-6}$)	0.13～0.21	0.12～0.21	0.17	0.17
锌($\times 10^{-6}$)	72.4～95.9	73.3～95.4	82.4	82.9
铬($\times 10^{-6}$)	22.56～33.24	22.45～32.87	26.35	26.3
汞($\times 10^{-6}$)	0.032～0.048	0.030～0.047	0.037	0.038
砷($\times 10^{-6}$)	4.95～9.82	4.86～9.86	7.93	8.04

六、叶绿素 a 和初级生产力

浮游植物生物量与初级生产力是海洋生态系食物网结构与功能的基础环节,是供养其摄食者——浮游动物的物质基础,直接或间接地影响了海区鱼、虾、贝等经济渔业资源的变动。因此,浮游植物现存生物量是海湾基础饵料生物多寡、水域肥瘠程度和可育生物资源能力的直接指标。同时,由于浮游植物的生长代谢、种群动态等受到诸多物理、化学和生物因素的调控,与其所处的环境状况密切相关,其调控机制分析对于海域生态环境现状的评价也是重要的基础工作。

秋季航次(2010 年 10 月)表层叶绿素 a 浓度变化范围为 0.21～3.67mg/m^3,平均为 (1.56±1.36)mg/m^3。表层叶绿素 a 浓度呈现从近岸向湾口方向逐渐升高的趋势,最大值出现在竹筱岛外侧的 B05 站,最低值出现在近岸的 B10 站(图 5-14a)。底层叶绿素 a 浓度均值为(1.058±1.23)mg/m^3,变化趋势与表层相同。从垂直剖面上来看,叶绿素 a 浓度的高值一般出现在表层,随深度增加而降低。

春季航次(2012 年 5 月)表层叶绿素 a 浓度变化范围为 0.15～3.42mg/m^3,平均为 (1.89±1.15)mg/m^3,最大值出现在近岸的 B14 站,最低值出现在 B11 站,从空间分布上来看,表层叶绿素 a 分布较为均匀(图 5-14b)。底层叶绿素 a 浓度均值为(1.00± 0.74)mg/m^3,变化趋势与表层相同。从垂直剖面上来看,叶绿素 a 浓度的高值一般出现在表层,随深度增加而降低。

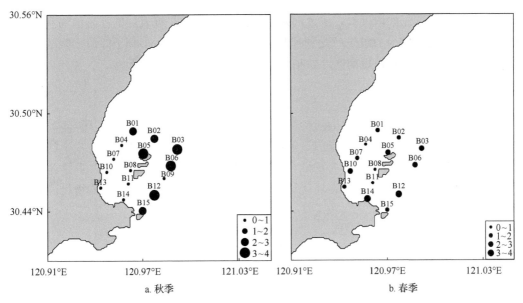

图 5-14 白塔山周围海域表层叶绿素 a 浓度（单位：μg/dm³）

调查海区秋季航次的潜在生产力均值为 $(1.35\pm0.62)\,mg/(m^2\cdot h)$，最高值出现在 B05 站，与叶绿素 a 浓度的最高站位一致（图 5-15a）。其他站位潜在生产力的值则较为平均。

调查海区春季航次的初级生产力均值为 $(2.23\pm0.74)\,mg/(m^2\cdot h)$，最高值出现在 B09 站（图 5-15b）。整体来说，春季调查海区的初级生产力值较为平均。

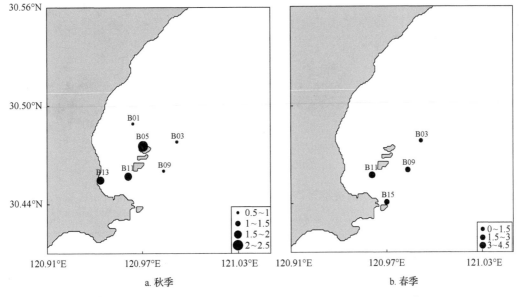

图 5-15 白塔山周围海域浮游植物潜在生产力分布[单位：$mg/(m^2\cdot h)$]

对表层叶绿素 a 浓度与磷酸盐、硝酸盐等营养盐浓度的回归分析结果表明，生物量与营养盐浓度之间不存在相关关系或相关关系不显著。调查海区海水交换速度快，水动力稳定性差，悬浮泥沙浓度高，进入海水的光强很弱，仅在近表层的浮游植物利用太阳光进行光合作用，使得初级生产受到抑制。同时，混浊的海区不利于浮游生物的生存而促其死亡，因此，光强是近岸区浮游植物生长繁殖的主要限制因素。

七、浮游植物

浮游植物是指在水中浮游生活的微小植物，通常浮游植物就是指浮游藻类，包括蓝藻门、绿藻门、硅藻门、金藻门、黄藻门、甲藻门、隐藻门和裸藻门八个门类。海洋浮游植物是海洋生物生产力的基础，其分布受海洋环境条件的影响，也是测量水质的指示生物。因此在对海洋生态环境进行调查时，了解水域中的浮游植物状况是十分必要的。

（一）物种

秋季航次共鉴定浮游植物 5 门 51 属 115 种。其中，硅藻 35 属 93 种，占种类数的 81%；甲藻 6 属 9 种，占种类数的 8%；绿藻 5 属 7 种；蓝藻 4 属 5 种；裸藻 1 属 1 种（图 5-16）。

春季航次共鉴定浮游植物 5 门 36 属 70 种。其中，硅藻 27 属 58 种，占种类数的 83%；甲藻 5 属 7 种，占种类数的 10%；绿藻 2 属 3 种；蓝藻 1 属 1 种；裸藻 1 属 1 种（图 5-16）。

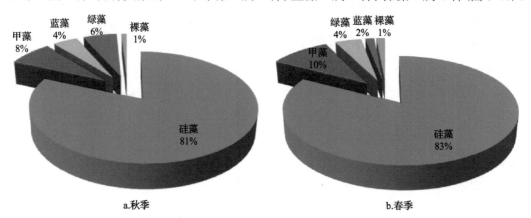

图 5-16　白塔山海域浮游植物不同门类的比例

主要优势类群为近岸低盐类群，次要优势类群为海洋广布性类群。

（二）丰度

秋季航次浮游植物细胞丰度为 $(126.06 \sim 2478.00) \times 10^4$ 个/m³，平均值为 $(877.15 \pm 724.10) \times 10^4$ 个/m³，B13 站最高，B7 站最低（图 5-17a）。

春季白塔山邻近海域浮游植物细胞丰度为 $(354.76 \sim 4053.11) \times 10^4$ 个/m³，平均值为 $(1802.62 \pm 1145.99) \times 10^4$ 个/m³，B11 站最高，B15 站最低（图 5-17b）。

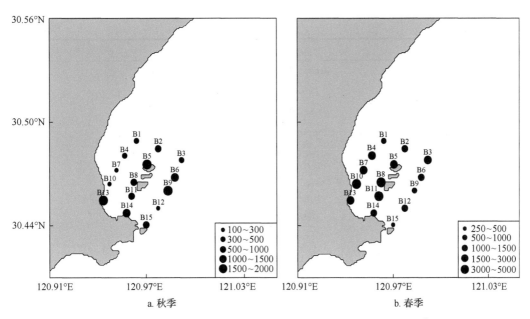

图 5-17 白塔山海域浮游植物细胞丰度的平面分布（单位：个/m³）

八、浮游动物

浮游动物是一类经常在水中浮游，本身不能制造有机物的异养型无脊椎动物和脊索动物幼体的总称，是在水中营浮游生活的动物类群。它们或者完全没有游泳能力，或者游泳能力微弱，不能远距离的移动，也不足以抵拒水的流动力。浮游动物是经济水产动物，是中上层水域中鱼类和其他经济动物的重要饵料，对渔业的发展具有重要意义。由于很多种浮游动物的分布与气候有关，因此，其可用作暖流、寒流的指示动物。许多种浮游动物是鱼、贝类的重要饵料来源，有的种类如毛虾、海蜇可作为人的食物。此外，还有不少种类可作为水污染的指示生物。

（一）物种

调查海域 2010 年秋季航次采集到的浮游动物样品，经显微观察、鉴定，共有浮游动物 6 大类 17 种（表 5-18）。其中，桡足类 7 种，占 41.18%；浮游幼虫 4 种，占 23.53%；端足类和糠虾类各 2 种，均占 11.76%；水螅水母类和长臂虾类各 1 种，均占 5.88%。

表 5-18 2010 年秋季航次浮游动物种类组成及种类名录

序号	中文名	拉丁名*	种类数	比例(%)
一	**水螅水母类**	**hydromedusae**	1	5.9
1	短柄和平水母	*Eirene brevistylus* Huang & Xu		
二	**桡足类**	**copepoda**	7	41.1
2	中华哲水蚤	*Calanus sinicus* Brodsky		
3	左指华哲水蚤	*Sinocalanus laevidactylus* Shen & Tai		

续表

序号	中文名	拉丁名*	种类数	比例(%)
4	太平洋纺锤水蚤	*Acartia (Odontacartia) pacifica* Steuer		
5	火腿伪镖水蚤	*Pseudodiaptomuspoplesia* (Shen)		
6	捷氏歪水蚤	*Totanus (Eutortanus) derjugini*Smirnov		
7	虫肢歪水蚤	*Totanus (Eutortanus) vermiculus*Shen		
8	小长腹剑水蚤	*Oithona nana* Giesbrecht		
三	**端足类**	**amphipoda**	2	11.8
9	钩虾	*Gammaridea* spp.		
10	中华蜾蠃蜚	*Sinocorophium sinensis* (Zhang)		
四	**糠虾类**	**mysidacea**	2	11.8
11	漂浮小井伊糠虾	*Iiella pelagicus* (Ii)		
12	黑褐新糠虾	*Neomysis awatschensis* (Brandt)		
五	**长臂虾类**	**euphausiacea**	1	5.9
13	安氏白虾	*Exopalaemon annandalei* (Kemp)		
六	**浮游幼虫**	**pelagic larva**	4	23.5
14	短尾类大眼幼虫	brachyura megalopa larva		
15	长尾类幼虫	macruran larva		
16	糠虾类幼体	mysidacea larva		
17	多毛类幼虫	polychaeta larva		

* 表中序号为阿拉伯数字的物种给出拉丁种名，序号为汉字的大类给出英文，用加粗正体表示

调查海域 2012 年春季航次采集到的浮游动物样品，经显微观察、鉴定，共有浮游动物 7 大类 14 种(表 5-19)。其中，桡足类 5 种，占总种类数的 35.71%，浮游幼虫 4 种，占 28.57%；水螅水母类、枝角类、端足类、糠虾类和涟虫类各 1 种，分别占 7.14%。

表 5-19　2012 年春季航次浮游动物种类组成及种类名录

序号	中文名	拉丁名*	种类数	比例(%)
一	**水螅水母类**	**hydromedusae**	1	7.1
1	鳞茎高手水母	*Bougainvillia muscus* (Allman)		
二	**枝角类**	**cladocera**	1	7.1
2	鸟喙尖头溞	*Penilia avirostris* Dana		
三	**桡足类**	**copepoda**	5	35.8
3	中华华哲水蚤	*Sinocalanus sinensis* (Poppe)		
4	捷氏歪水蚤	*Totanus (Eutortanus) derjugini* Smironov		
5	虫肢歪水蚤	*Totanus (Eutortanus) vermiculus*Shen		
6	锥形宽水蚤	*Temora turbinate* (Dana)		
7	拟长腹剑水蚤	*Oithona similis*Claus		

续表

序号	中文名	拉丁名*	种类数	比例(%)
四	**端足类**	**amphipoda**	1	7.1
8	江湖独眼钩虾	*Monoculodes limnophilus*Tattersall		
五	**糠虾类**	**mysidacea**	1	7.1
9	长额超刺糠虾	*Hyperacanthomysis longirostris*(Ii)		
六	**涟虫类**	**cumacea**	1	7.1
10	尖鼻无尾涟虫	*Leucon nasica*(Kroyer)		
七	**浮游幼虫**	**pelagic larva**	4	28.7
11	桡足类无节幼虫	nauplius		
12	短尾类溞状幼体	brachyura zoea		
13	长尾类幼虫	macrura larva		
14	仔鱼	fish larva		

* 表中序号为阿拉伯数字的物种给出拉丁种名，序号为汉字的大类给出英文，用加粗正体表示

优势度最高的捷氏歪水蚤和虫肢歪水蚤属于沿岸河口种。

（二）生物量

白塔山周边海域秋季航次的浮游动物生物量范围为 1.38～436.67mg/m³，平均生物量为 76.30mg/m³，最低值出现在铁港内的 B05 站，最高值出现在 B12 站（图 5-18a，表 5-20）。

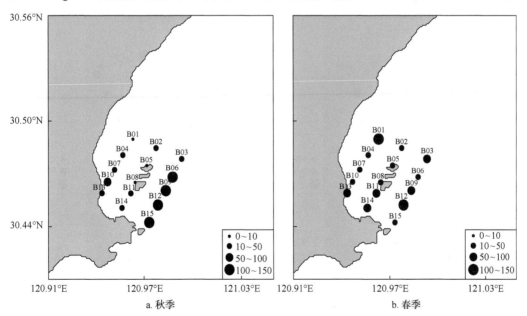

图 5-18　白塔山周边海域浮游动物生物量分布图（单位：mg/m³）

表 5-20 白塔山海域浮游动物的生物量与丰度特征值

参数	范围						均值	
	秋季			春季			秋季	春季
	数值	最高值站位	最低值站位	数值	最高值站位	最低值站位		
生物量 (mg/m³)	1.38～436.67	B12	B05	18.75～136.36	B01	B04	76.30	56.52
丰度(个/m³)	7.93～1286.67	B12	B05	14.58～130.30	B01	B04	358.56	54.11

白塔山周边海域春季航次的浮游动物生物量范围为 18.75～136.36mg/m³,平均生物量为 56.52mg/m³,最低值出现在 B04 站,最高值出现在 B01 站(图 5-18b,表 5-20)。

(三)丰度

白塔山周边海域秋季航次的浮游动物总个体丰度范围为 7.93～1286.67 个/m³,平均丰度为 358.56 个/m³,最低值也出现在 B05 站,最高值出现在 B12 站(图 5-19a)。

白塔山周边海域春季航次的浮游动物总个体丰度范围为 14.58～130.30 个/m³,平均丰度为 54.11 个/m³,丰度空间分布与生物量分布方式相似,最低值也出现在 B04 站,最高值出现在 B01 站(图 5-19b)。

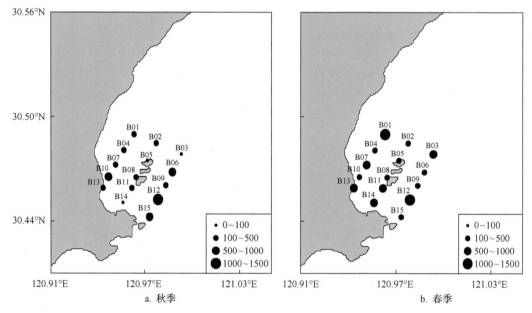

图 5-19 白塔山周边海域浮游动物丰度分布图(单位:个/m³)

九、大型底栖生物

海洋底栖生物生活于海洋底层水域、海底表面、海底泥沙内和潮间带水域,生活方式较游泳生物、浮游生物稳定。近岸区的底栖生物种类繁多、资源分布丰富,许多种类是渔业捕捞和养殖的重要对象,虾、蟹、贝是人们日常食用的美味佳肴,个体较小的则是经济生物的天然饵料,一些潜在的底栖生物资源也正被开发挖掘。因此,研究底栖生物物种、资源量及群落结构对了解海岛生态环境变化具有重要意义。

(一)物种

秋季航次共鉴定出大型底栖生物 13 种,其中软体动物最多,为 6 种(占 46%),其次是甲壳类,为 3 种(占 23%)(表 5-21、图 5-20a)。春季航次共鉴定出大型底栖生物 24 种,其中甲壳类最多,为 10 种(占 42%),其次为软体动物 8 种(占 33%)(表 5-22、图 5-20b)。

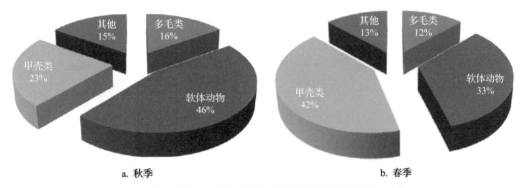

图 5-20 白塔山海域大型底栖生物物种组成

(二)生物量

白塔山海域秋季航次大型底栖生物的生物量平均为 0.30g/m² (图 5-21a),软体动物和甲壳类生物量最高,均为 0.14g/m²,约占总生物量的 46.7%;多毛类和其他类生物量较低,两者合计仅占 8%。

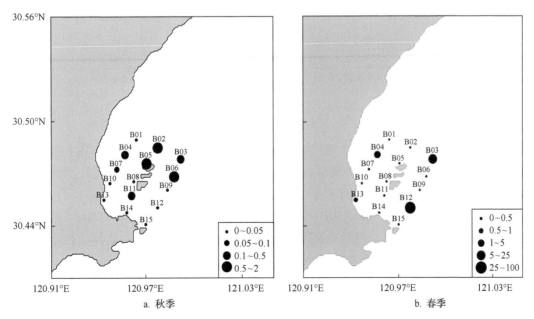

图 5-21 白塔山海域大型底栖生物生物量水平分布(单位:g/m²)

春季航次大型底栖生物生物量平均为 $3.75g/m^2$（图 5-21b），软体动物的生物量最高，平均为 $3.65g/m^2$，约占总生物量的 97%。其余三类的生物量较低，合计仅占 3%。

表 5-21　2010 年 10 月白塔山海域大型底栖生物物种名录

序号	中文名	拉丁名*
一	**多毛类**	**polychate**
1	加州齿吻沙蚕	*Nephtys californiensis* (Hartman)
2	背蚓虫	*Notomastus latericeus* Sars
二	**软体动物**	**mollusk**
3	光螺	*Melanella* sp.
4	半褶织纹螺	*Nassarius semiplicatus* (A. Adams)
5	樱蛤	*Moerella* sp.
6	光滑狭口螺	*Stenothyra glabra* (A. Adams)
7	泥螺	*Bullacta exarata* (Philippi)
8	焦河篮蛤	*Potamocorbula ustulata* (Reeve)
三	**甲壳类**	**crustacea**
9	平尾棒鞭水虱	*Cleantioides planicauda* (Benedict)
10	日本沙钩虾	*Byblis japonicus* Dahl
11	尖额双眼钩虾	*Ampelisca acutifortata* Ren
四	**其他类**	**others**
12	假大室膜孔苔虫	*Biflustra paragrandicella* (Liu in Liu, Yin & Ma)
13	斑胞苔虫	*Cellaria punctata* (Busk)

* 表中序号为阿拉伯数字的物种给出拉丁种名，序号为汉字的大类给出英文，用加粗正体表示

(三)栖息密度

白塔山海域秋季大型底栖生物的栖息密度年均为 19 个/m^2（图 5-22a）。各生物类群栖息密度组成中，软体动物栖息密度最大，为 11 个/m^2，占 58%；甲壳类居第 2，为 5 个/m^2，占 26%；多毛类和其他类的栖息密度低于前两类。

春季白塔山海域大型底栖生物春季的栖息密度平均为 26 个/m^2（图 5-22b）。各生物类群栖息密度组成中，甲壳动物栖息密度最大，达 17 个/m^2，占 65%；软体动物居第二，为 5 个/m^2，占 19%；多毛类和其他类的栖息密度低于前两类。

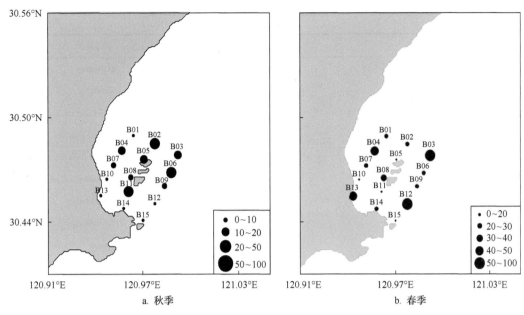

图 5-22　白塔山海域大型底栖生物栖息密度水平分布(单位：个/m²)

(四)优势种与生物多样性

白塔山海域附近物种较少，生物多样性偏低，多样性 H' 值为 0～1.61。优势种为一些端足类动物和软体动物，秋季航次优势度最大的为焦河蓝蛤，优势度达到 1.71；春季航次优势度最大的为日本沙钩虾，优势度达到 0.62。

表 5-22　2012 年春季白塔山海域大型底栖生物物种名录

序号	中文名	拉丁名*
一	**多毛类**	**polychate**
1	双鳃内卷齿蚕	*Aglaophamus dibranchis*（Grube）
2	膜质伪才女虫	*Pseudopolydora kempi*（Southern）
3	中华内卷齿蚕	*Aglaophamus sinensis*（Fauvel）
二	**软体动物**	**mollusk**
4	光滑篮蛤	*Potamocorbula laevis*（Hinds）
5	焦河篮蛤	*Potamocorbula ustulata*（Reeve）
6	管角贝属一种	*Siphonodentalium* sp.
7	织纹螺属一种	*Nassarius* sp.
8	毛蚶	*Scapharca kagoshimensis*（Tokunaga）
9	马特海笋	*Martesia striata*（Linnaeus）
10	光滑狭口螺	*Stenothyra glabra*（A. Adams）
11	婆罗囊螺	*Retusa boenensis*（A. Adams）

续表

序号	中文名	拉丁名*
三	**甲壳类**	**crustacea**
12	沙钩虾	*Byblis* sp.
13	板钩虾	*Stenothoidae* sp.
14	宽甲古涟虫	*Eocuma lata* Calman
15	细管居蜚	*Cerapus tubularis* Say
16	塞切尔泥钩虾	*Eriopisella sechellensis* Chevreux
17	钩虾	Gammaridae sp.
18	泥钩虾	*Eriopisella* sp.
19	细长涟虫	*Iphinoe tenera* Lomakina
20	平尾拟棒鞭水虱	*Cleantioides planicauda*（Benedict）
21	虫戎	Hyperiidae sp.
四	**其他类**	**others**
22	双叉薮枝螅	*Obelia dichotoma*（Linnaeus）
23	网纱帐苔虫	*Conopeum reticulum*（Linnaeus）
24	脑纽虫	*Cerebratulina* sp.

* 表中序号为阿拉伯数字的物种给出拉丁种名，序号为汉字的大类给出英文，用加粗正体表示

参 考 文 献

陈则实, 王建文, 汪兆椿, 等. 1992. 中国海湾志第五分册(上海市和浙江省北部海湾). 北京: 海洋出版社.

国家环境保护局, 国家海洋局. 1997. 海水水质标准(GB 3097—1997). 北京: 中国标准出版社.

国家质量监督检验检疫总局, 国家标准化管理委员会. 2007a. 海洋监测规范 第 1 部分: 总则(GB 17378.1—2007). 北京: 中国标准出版社.

国家质量监督检验检疫总局, 国家标准化管理委员会. 2007b. 海洋监测规范 第 2 部分: 数据处理与分析质量控制(GB 17378.2—2007). 北京: 中国标准出版社.

国家质量监督检验检疫总局, 国家标准化管理委员会. 2007c. 海洋监测规范 第 3 部分: 样品采集、贮存与运输(GB 17378.3—2007). 北京: 中国标准出版社.

国家质量监督检验检疫总局, 国家标准化管理委员会. 2007d. 海洋监测规范 第 4 部分: 海水分析(GB 17378.4—2007). 北京: 中国标准出版社.

国家质量监督检验检疫总局, 国家标准化管理委员会. 2007e. 海洋监测规范 第 5 部分: 沉积物分析(GB 17378.5—2007). 北京: 中国标准出版社.

国家质量监督检验检疫总局, 国家标准化管理委员会. 2007f. 海洋监测规范 第 6 部分: 生物体分析(GB 17378.6—2007). 北京: 中国标准出版社.

国家质量监督检验检疫总局, 国家标准化管理委员会. 2007g. 海洋监测规范 第 7 部分: 近海污染生态调查和生物监测(GB 17378.7—2007). 北京: 中国标准出版社.

国家质量监督检验检疫总局, 国家标准化管理委员会. 2007h. 海洋调查规范 第 10 部分: 海底地形地貌调查(GB/T 12763.10—2007). 北京: 中国标准出版社.

国家质量监督检验检疫总局, 国家标准化管理委员会. 2007i. 海洋调查规范 第 1 部分: 总则(GB/T 12763.1—2007). 北京: 中国标准出版社.

国家质量监督检验检疫总局, 国家标准化管理委员会. 2007j. 海洋调查规范 第 2 部分: 海洋水文观测(GB/T 12763.2—2007).北京: 中国标准出版社.

国家质量监督检验检疫总局, 国家标准化管理委员会. 2007k. 海洋调查规范 第 4 部分: 海水化学要素调查(GB/T 12763.4—2007). 北京: 中国标准出版社.

国家质量监督检验检疫总局, 国家标准化管理委员会. 2007l. 海洋调查规范 第 6 部分: 海洋生物调查(GB/T 12763.6—2007).北京: 中国标准出版社.

国家质量监督检验检疫总局, 国家标准化管理委员会. 2007m. 海洋调查规范 第 8 部分: 海洋地质地球物理调查(GB/T 12763.8—2007). 北京: 中国标准出版社.

国家质量监督检验检疫总局, 国家标准化管理委员会. 2007n. 海洋调查规范 第 9 部分: 海洋生态调查指南(GB/T 12763.9—2007). 北京: 中国标准出版社.

国家海洋局 908 专项办公室. 2005. 我国近海海洋综合调查与评价专项: 海岛调查技术规程. 北京: 海洋出版社.

国国家质量监督检验检疫总局. 2012. 海洋沉积物质量(GB 18668—2002). 北京: 中国标准出版社.

周航, 国守华, 冯志高. 1998. 浙江海岛志. 北京: 高等教育出版社.

第六章　海岛生态敏感性、开发适宜性及功能分区

第一节　示范区海岛生态敏感性评价

无居民海岛生态敏感性评价有 3 项主要要求：第一，明确研究区主要生态环境问题及其发生的可能性；第二，生态敏感性评价应根据主要生态环境问题的形成机制，分析生态敏感性的区域分异规律，明确特定生态环境问题可能发生的地区范围；第三，敏感性评价首先针对特定生态环境问题进行评价，然后对多种生态环境问题的敏感性进行综合分析，明确研究区生态环境敏感性的分布特征。

以示范区主岛——白塔岛为例进行海岛生态敏感性评价，所需的基础数据包括以下两部分。

(1)海岛数字高程模型(digital elevation model，DEM)。白塔岛 DEM 基于收集到的1：10 000 杭州湾海岛地形图转换而来(图 6-1)。

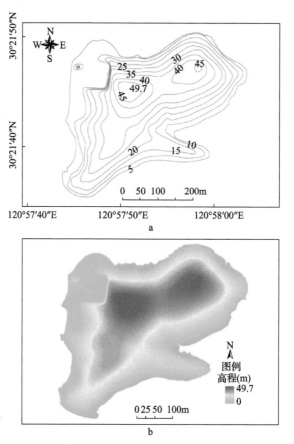

图 6-1　白塔岛 1：10 000 地形图(a)及数字高程模型(b)

(2)海岛植被与土地覆盖。白塔岛植被与土地利用情况基于高清卫星遥感影像解译而来(图 6-2)。参照"908 专项"海岛土地利用分类体系,可将白塔岛土地覆盖类型分为 7 类,分别是建设用地、道路、茶园、林地、灌丛、草丛及裸地(图 6-3)。植被情况已在第五章有介绍,不再赘述。

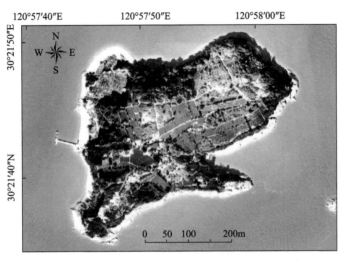

图 6-2　白塔岛高清卫星遥感影像

WorldView-02,2011 年 12 月 24 日拍摄,分辨率 0.8m

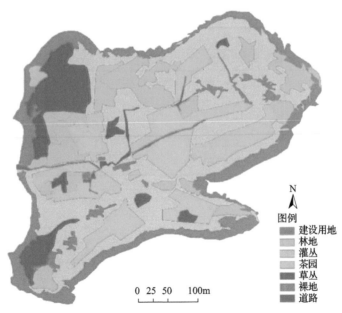

图 6-3　白塔岛土地覆盖类型解译结果

一、生态敏感性评价指标的选取

通过对白塔岛生态环境的调研与分析,参考《生态功能区划暂行规程》(国家环境保护总局，2003)中规定的生态敏感性评价内容，从地形地貌、自然条件、岛屿现状、自然灾害要素中选择7项因子构建白塔岛生态敏感性评价指标体系(图6-4)，即高程、坡度、坡向、岛陆覆盖类型、地表水资源、风暴潮影响、常年优势风向。参考《生态功能区划技术暂行规程》的分级和评分，结合白塔岛的实际情况，对于每一项因子的不同状态划分出不敏感、轻度敏感、中度敏感、高度敏感和极度敏感5级，分别赋值1、2、3、4、5(表6-1)。

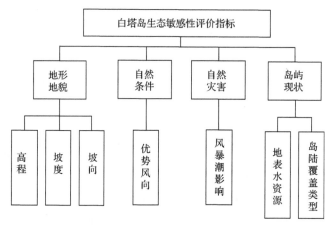

图6-4 白塔岛生态敏感性评价指标体系

表6-1 白塔岛单因子生态敏感性分级与赋值

| 敏感性评价 | | 7项单因子生态敏感性分析 | | | | | | |
分级	赋值	高程	坡度	坡向	岛陆覆盖类型	距地表水源	风暴潮影响	常年优势风向
不敏感	1	0~10m	0°~10°	正南、平坦区	建设用地、裸地	>80m	海拔>25m	平坦区
轻度敏感	2	10~20m	10°~20°	东南、西南	茶园	60~80m	海拔20~25m	西南、正西
中度敏感	3	20~30m	20°~30°	正东、正西	林地	40~60m	海拔15~20m	东北、正东
高度敏感	4	30~40m	30°~40°	东北、西北	灌丛	20~40m	海拔8~15m	正北、正南
极度敏感	5	>40m	>40°	正北	草丛	<20m	海拔0~8m	东南、西北

二、单因子生态敏感性分析

(一)高程敏感性分析

对于高程小于100m的低矮丘陵或者海岛，高程主要通过对降水的蓄积作用反映区域内的生态敏感性，高程越高，渗流越强，水分越少，生态系统单一且脆弱；反之，高程越低，生态系统较为多样且稳定。另外，高程对建设施工和风景游赏也有一定的影响，高程越大，该区域开发利用的难度就大。

白塔岛属低矮丘陵，最高海拔48.7m，最低0m。利用白塔岛DEM，得到高程敏感性分析图(图6-5)，统计得出白塔岛不敏感区占总面积的26.1%，轻度敏感区占24.7%，中度敏感区占21.3%，高度敏感区占20.5%，极度敏感区占7.4%。

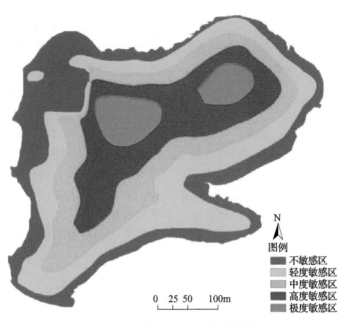

图 6-5　白塔岛高程敏感性分析图

（二）坡度敏感性分析

研究表明，40°是植被可以正常生长的临界坡度。根据白塔岛的陡缓程度和岛陆特殊情况，将坡度敏感性分为五级（表 6-1），0°～10°为不敏感区；10°～20°为轻度敏感区；20°～30°为中度敏感区，30°～40°为高度敏感区，大于 40°为极度敏感区。

坡度敏感性的分析结果显示（图 6-6），白塔岛的北部和东北部以中度敏感区为主，而

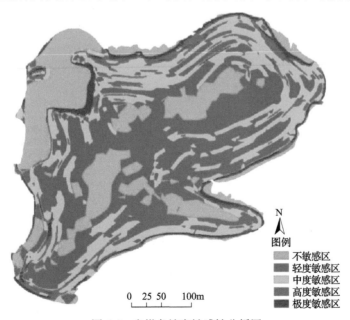

图 6-6　白塔岛坡度敏感性分析图

中部和西南部地区则以轻度敏感区和不敏感区为主，西北部有较大面积的不敏感区，主要是人为作用下的采矿区域。不敏感区约占岛陆总面积的 24.8%，轻度敏感区约占 40.8%，中度敏感区约占 22.0%，高度敏感区约占 7.6%，极度敏感区所占面积比例较小，约占 4.8%。

（三）坡向敏感性分析

坡向是指坡面的朝向，定义为地面上的任何一点切平面的法线在水平面的投影与经过该点的正北方向的夹角。不同的坡向接受太阳辐射强度和日照时间长短不同，温度的差异也很大。坡向是小气候的重要组成部分。就开发建设而言，南坡优于北坡，能充分接受光照和通风，有利于植物的生长。一般来说，在相对湿润地区，不考虑蒸发量，阳坡植物多样性较阴坡高，所以阳坡比阴坡生态敏感性低。

本文将坡向敏感性分为以下几个等级：正南坡及平坦区域为不敏感区；东南、西南坡为轻度敏感区；正东、正西坡为中度敏感区，东北、西北坡为高度敏感区，正北坡为极敏感区（表 6-1）。

坡向敏感性分析结果显示（图 6-7），白塔岛不敏感区约占岛陆总面积的 25.1%，轻度敏感区约占 27.8%，中度敏感区约占 17.6%，高度敏感区约占 18.3%，极度敏感区约占 11.2%。轻度敏感区面积最大，极度敏感区面积最小，说明白塔岛整体坡向较为和缓。

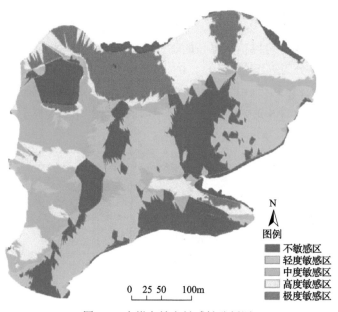

图 6-7　白塔岛坡向敏感性分析图

（四）岛陆覆盖类型敏感性分析

无居民海岛主要覆盖类型为植被，植被是自然的基底，是覆盖于地表具有一定种类组成的植物群落，也是生态敏感性评价的重要因子。地表覆盖类型不同，其自我调节和抗干扰的能力也存在巨大差异，一般生物多样性较高的林地生态敏感性较低，而层次结构相对简单的灌丛生态敏感性次之，草丛生态敏感性最高。

本文将岛陆覆盖类型敏感性分为五级（表6-1），将建设用地及裸地划分为不敏感区，将茶园划分为轻度敏感区，将林地划分为中度敏感区，将灌丛划分为高度敏感区，将草丛划分为极度敏感区。

岛陆覆盖敏感性分析结果表明，不敏感区约占岛陆总面积19.0%，轻度敏感区约占20.3%，中度敏感区约占14.6%，高度敏感区约占36.5%，极度敏感区面积最小，约占9.6%（图6-8）。

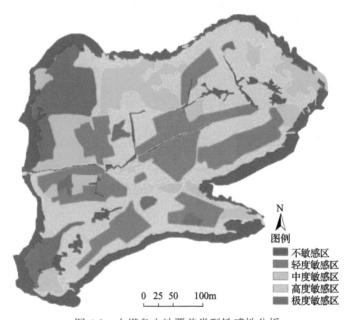

图6-8　白塔岛土地覆盖类型敏感性分析

（五）地表水资源敏感性分析

无居民海岛孤悬海上，无过境客水，淡水资源全靠降水补给且补给量很小；同时海岛地形陡峭、川流短促，集雨面积相当有限，可以说淡水是海岛可开发利用的生命线。无居民海岛有很多动物都以蓄积的雨水为水源，如果水源得不到有效保护，无居民海岛必然面临生物灭绝的困境。所以不论是无居民海岛生态敏感性评价还是开发适宜性评价，都应该将淡水资源的敏感性考虑进去。

一般按距水源距离由近及远划分水文因子敏感性级别。白塔岛的地表水资源主要是指池塘（图5-2），是岛上畜禽的主要饮用水源，对畜禽的生存、生长有重要影响，也是最容易受到人为干扰的因子之一。根据《地表水环境质量标准》（GB 3838—2002），结合白塔岛整体状况，确定最大影响距离为80m；按距离水源的远近划分敏感性的等级，距离水源越近敏感性等级越高，距离水源越远敏感性等级越低。最终地表水资源敏感性分级及赋值如下：0～20m区域为极度敏感区；20～40m为高度敏感区；40～60m为中度敏感区；60～80m为轻度敏感区；大于80m为不敏感区（表6-1）。

地表水资源敏感性分析结果显示，因岛内仅有一个池塘，大部分区域离池塘相对较远，所以不敏感区占岛陆面积的大部分，其他区域围绕池塘呈环状分布（图6-9）。

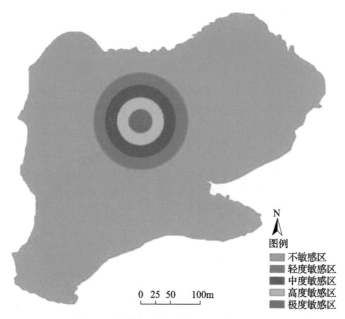

图 6-9　白塔岛地表水资源敏感性分析图

(六)风暴潮灾害敏感性分析

海岛四面环海水，台风相对于其他敏感性因子尤其特殊，主要表现为致灾因子的多重性，它来势凶猛，风速大，雨势猛，而且通常风、雨、潮同时来袭，造成巨大破坏，风暴潮就是其中一种。一般认为海拔 5m 以下的海岸区域为气候变化、海平面上升和风暴潮灾害的危险区域。研究表明，杭州湾最大增水高度达 4.57m(谭丽荣，2012)，湾顶可能的最大风暴潮值超过 8m(尹庆江，1991)。所以，结合杭州湾的特征，对风暴潮灾害敏感性进行分级和赋值，将海拔 0~8m 划分为极度敏感区，8~15m 为高度敏感区，15~20m 为中度敏感区，20~25m 为轻度敏感区，大于 25m 为不敏感区(表 6-1)。

风暴潮灾害敏感性分析结果呈环状分布(图 6-10)，不敏感区约占岛陆总面积 38.1%，轻度敏感区约占 11.2%，中度敏感区约占 11.7%，高度敏感区约占 17.3%，极度敏感区约占 21.7%。

(七)常年优势风向敏感性分析

海岛风能资源丰富，但是其生态效应具有两面性：一方面作为可再生能源可用于海岛发电，为海岛的发展提供动力支持；另一方面受海岛大风影响，动植物生长会受到限制，进而影响海岛生物的多样性。

白塔岛地处杭州湾，位于北亚热带季风气候区，风向主要表现为季风特征。根据"908专项"资料(张海生，2013)，浙江省北部海岛的平均风速为 5.6m/s，主方向以 N、NNW 和 SE 为主，各占 11.2%、10.7%和 8.8%；平均风速以 NNW 方向的最大，为 6.4m/s，其次为 S 向的 6.1m/s 和 N、SSE 向的 6m/s(图 6-11)。

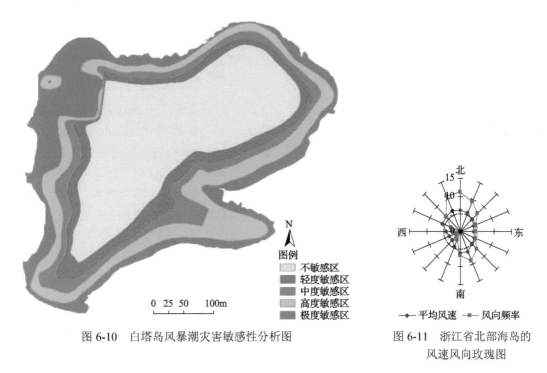

图 6-10 白塔岛风暴潮灾害敏感性分析图

图 6-11 浙江省北部海岛的
风速风向玫瑰图

本文将白塔岛易受风向影响的坡地区域划分为 5 级 (表 6-1): 东南、西北向坡地为极度敏感区, 正北、正南向坡地为高度敏感区, 东北、正东向坡地为中度敏感区, 正西、西南向坡地为轻度敏感区、平坦地区为不敏感区。

常年优势风向敏感性分析结果显示, 不敏感区约占白塔岛陆总面积 9.8%, 轻度敏感区约占 18.1%, 中度敏感区约占 11.2%, 高度敏感区约占 26.6%, 极度敏感区约占 34.3% (图 6-12)。

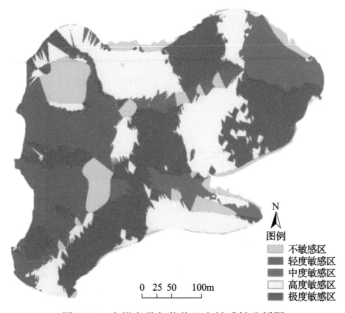

图 6-12 白塔岛常年优势风向敏感性分析图

三、生态敏感性综合评价

(一)白塔岛生态敏感性评价指标权重

权重确定的方法主要有主观经验法、秩和比法、回归分析法、相关系数法、专家咨询法、德尔菲法、层次分析法(analytic hierarchy process，AHP)等(Diamond and Wright，1988)，其中层次分析法是较为成熟的方法。层次分析法由美国著名运筹学家 F.L.Santy 教授于 20 世纪 70 年代初提出，是一种建立在专家咨询基础上的优化方法，可以将人们的主观判断用数量形式来表达和处理，把多层次多指标的权重赋值简化为各指标重要性的两两比较，便于对各层次各指标进行客观赋值，具有逻辑性、系统性、灵活性强等特点(陈秋明，2009)。

为提高无居民海岛生态敏感性评价的可操作性，力求最大限度地降低评价工作中的主观性和片面性，将层次分析法(AHP)与专家咨询法相结合，确定各个指标的权重。具体可以分为两个步骤：①构造判断矩阵；②利用 MATLAB 软件计算各评价指标的权重，最终得到判断矩阵和权重结果(表 6-2)。引入随机一致性指标 CR 进行判断，计算结果 CR 值为 0.0017，远小于一致性临界值 0.1，说明判断矩阵的一致性可以接受，各因子权重值可以作为研究指标的权重。

表 6-2　白塔岛生态敏感性指标权重值(杨志宏，2013)

评价因子	高程	坡度	坡向	岛陆覆盖	地表水	风暴潮	常年优势风向
高程	1.0000	0.1265	0.1399	0.0961	0.0949	0.2054	0.2694
坡度	7.9053	1.0000	1.4478	0.4806	0.4249	1.3783	3.2761
坡向	7.1471	0.6907	1.0000	0.1986	0.2363	0.5752	1.2673
岛陆覆盖	10.4080	2.0805	5.0348	1.0000	1.0324	2.7124	3.8797
地表水	10.5354	2.3535	4.2317	0.9686	1.0000	2.0541	4.6965
风暴潮	3.9936	0.7255	1.7385	0.3687	0.4868	1.0000	2.1879
常年优势风向	3.7125	0.3052	0.7891	0.2578	0.2129	0.4571	1.0000
权重(W)	0.0201	0.1478	0.0819	0.2901	0.2824	0.1164	0.0613
λmax=7.1354				CR=0.0017<0.1			
λmax：最大特征值				CR：随机一致性指标			

(二)基于加权叠加模型的白塔岛生态敏感性综合评价

以 ArcGIS 9.3 为平台，利用加权叠加模型，基于高程、坡度、坡向、岛陆覆盖类型、地表水资源、风暴潮灾害、常年优势风向 7 个敏感性因子的分级栅格数据进行运算，得到白塔岛的生态敏感性综合评价图，并将其划分为不敏感区、轻度敏感区、中度敏感区、高度敏感区和极度敏感区 5 个等级。不敏感主要是指生态环境基本稳定，在自然条件和生物活动干扰下不容易出现生态环境问题；轻度敏感主要是指生态环境基本稳定，在破坏力较大的外部活动影响下会出现轻度的生态环境问题；中度敏感是指生态环境较稳定，但是在自然和人为作用下，极易破坏其原有的生态环境，造成较大的生态环境问题；高度敏感和极度敏感是指生态环境极为脆弱，在自然和人为作用下极易出现生态环境问题或者已经出现生态环境问题。

从白塔岛生态敏感性综合分区结果可以得到如下认识(图 6-13)。

(1)白塔岛不敏感区面积约占岛陆总面积的 8.9%，主要分布在研究区的中上部平缓地段，在开发利用过程中，可以作为人类活动聚集区及修建相关设施的优先选择区。

(2)白塔岛内轻度敏感区面积约占岛陆总面积的 32.0%，主要分布在岛的中部地区，为茶叶种植较多的地区，在实际利用过程中，可以作为休闲农业的观览区。

(3)白塔岛中度敏感区面积约占岛陆总面积的 40.8%，大部分位于岛的中下部位置，说明海岛生态受海洋状况影响较大。中度敏感区一般作为生态保留地，尽量避免人为活动的影响。

(4)白塔岛高度敏感区面积约占岛陆总面积的 16.2%，极度敏感区面积约占总面积的 2.1%，这些地区主要是坡度很大或者接近潮间带的区域，植被较少，人类活动也较少。这类区域要严禁开发利用，并应当采取适当手段对已经破坏的地区进行生态修复。

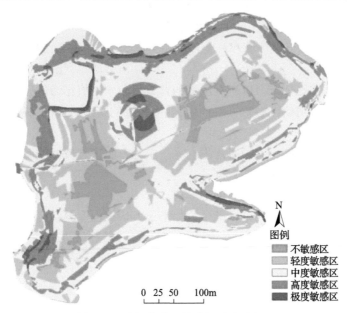

图 6-13　白塔岛生态敏感性综合分析图

第二节　开发适宜性评价

无居民海岛开发适宜性评价是以海岛开发的生态环境条件为依据，以区域资源状况为基础，以社会发展状况为条件，在充分利用无居民海岛优势资源和保护海岛生态环境的前提下，评价一定时期、特定区域的无居民海岛分类开发的适宜程度(张永华等, 2013)。

根据《嘉兴市无居民海岛保护与利用规划》(2008)，白塔山岛群被定位为生态旅游主导功能区，同时具有农林牧、科学试验及工业开发等兼容功能，而且已有一定程度的开发。依据旅游娱乐类海岛开发利用所需考虑的评价指标和评价方法(张永华等, 2013)，对东海示范区白塔岛和马腰岛的开发适宜性进行应用示范。示范工作的目的是对海岛的开发适宜性作出判断，分为适宜开发、适度开发和禁止开发三类。

一、评价方法

(一)评价指标体系及其标准值的确定

研究表明，对于以旅游娱乐为开发利用方向的海岛而言，其开发适宜性需要考虑地形地貌、地质条件、水文气象、海洋环境、陆地生态、自然资源、社会条件7方面的指标，各指标体系标准值的确定采用以下几种方法(张永华等，2013)。

(1)依据国家、行业和地方规定的标准和规范。国家标准如《海水水质标准》(GB3097—1997)、《海洋沉积物质量》(GB18668—2002)、《海洋生物质量》(GB18421—2001)等；行业标准指行业发布的环境评价规范、规定、设计要求等；地方政府颁布的标准如功能区目标等。

(2)参考工程实际中可应用参考的研究成果和科学研究已判定的生态因子，如科学研究确定的生物因子与生境因子之间的定性或定量关系。

(3)类比标准。参考自然环境和社会环境相类似，海洋生态系统结构和功能状态良好的海区的标准值。

(4)参照背景或本底标准。以研究区域的背景值和本底值作为健康阈值。

(5)根据历史资料记载，选择各方面状态相对较好的某一时段的海洋生态系统作为参照对象。

(6)参照海区。选取同一类型海洋生态系统中各方面状态较好的海区作为参考状态。

(7)参考国外研究成果和相关数据。

(8)采用专家咨询法确定承载力的标准值。

(9)通过公众参与的方式确定标准值，如当地人认识程度等指标。

(10)以经济作为发展阶段的标志，将国内类似发展程度下相应指标的数据作为参比值。

据此构建旅游类海岛开发适宜性评价指标体系及其评分规则(表6-3)。

表6-3 无居民海岛开发适宜性评价指标体系与分级计算标准

目标层	准则层	评价指标	开发适宜度分值计算标准				
			0~2分	2~4分	4~6分	6~8分	8~10分
旅游类海岛开发适宜性	地形地貌	海岛面积(hm²)	<5	5~25	25~50	50~100	>100
		离岸距离(km)	>80	40~60	20~40	10~20	<10
		滩涂类型	几乎没有滩涂资源	滩面狭窄，底质贫瘠	滩面宽度一般，底质一般	滩面较宽，底质较好	滩面宽阔，底质优良
	地质条件	地质稳定性	不稳定	一般	一般	一般	稳定
		海岸侵蚀	非常严重	较严重	一般	侵蚀较轻	基本不侵蚀
	水文气象	灾害气象	频率较高	一般	一般	频率较低	频率非常低
		水深	较差	一般	一般	较好	良好

续表

目标层	准则层	评价指标	开发适宜度分值计算标准				
			0～2分	2～4分	4～6分	6～8分	8～10分
旅游类海岛开发适宜性	海洋环境	所属海洋功能区划	其他类	保留类	保留类	保留类	旅游类
		邻近海域海水水质	第四类	第四类	第三类	第二类	第一类
	陆地生态	珍稀濒危生物	有	——	——	——	无
		植被覆盖度	<20%	——	——	——	>80%
	自然资源	自然景观	景观不具特色	景观较突出	景观较突出	景观较奇特优美	视野开阔，景观优美，独具特色
		历史遗迹	未发现历史遗迹	相关历史事件和人物知名度很小	相关历史事件和人物知名度很小	相关历史事件和人物知名度一般	相关历史事件和人物知名度较大
		淡水资源开采条件	没有淡水	很难	较难	一般	容易
	社会条件	交通条件	进出非常困难	进出较困难	进出较困难	进出较容易	进出容易
		电力条件	电源缺乏	电源较缺乏	较便捷的电源输入	较便捷的电源输入	便捷的电源输入

(二)确定指标权重

为提高评价过程的可操作性、力求最大限度地降低评价工作中的主观性和片面性，应用层次分析法(AHP)确定各个指标的权重(张永华等，2013)。结果表明，对于以旅游娱乐为开发利用方向的海岛而言，海洋环境、陆地生态是最重要的指标类别，其次是自然资源和社会条件，再次是地形地貌和地质条件，相对而言，水文气象对旅游娱乐类海岛的开发利用影响最低(表6-4)。

(三)开发适宜度计算方法

开发适宜度(EI)是在目标层面对海岛的开发适宜性作出判断，给出适宜开发、适度开发和禁止开发三类评价结果。计算公式为

$$EI = \sum_{i=0}^{n} EI_i \times W_i \tag{6-1}$$

式中，EI_i 表示无居民海岛开发适应性评价指标体系中各个指标的分值，W_i 表示相应指数的权重。

根据评价指标的权重和分级赋值结果进行加权平均计算，得到无居民海岛的开发适宜性综合评价指标，最后归结为适宜开发(7分≤EI≤10分)、适度开发(3分<EI<7分)、禁止开发(0分≤EI≤3分)三类。

表 6-4　旅游娱乐类海岛开发适宜性评价准则层因子及权重

开发适宜度	地形地貌	地质条件	水文气象	海洋环境	陆地生态	自然资源	社会条件	权重
地形地貌	1	1	3	1/5	1/5	1/3	1/3	0.07
地质条件	1	1	3	1/5	1/5	1/5	1/3	0.06
水文气象	1/3	1/3	1	1/7	1/7	1/5	1/5	0.03
海洋环境	5	5	7	1	1	3	3	0.27
陆地生态	5	5	7	1	1	3	3	0.27
自然资源	3	3	5	1/3	1/3	1	1	0.15
社会条件	3	3	5	1/3	1/3	1	1	0.15

二、白塔岛开发适宜性评价

《嘉兴市无居民海岛保护与利用规划》(2008)明确指出 2008～2015 年，利用无居民海岛的资源优势和原有设施条件，重点建设好 1 个重要渔业保护区、2 个旅游区；完成白塔岛生态旅游区的整合规划并建成对外开放，规划要因岛制宜，与海洋功能区划相一致。

(一)生态环境类指标分析

1. 地质环境因子

地形地貌：白塔岛无明显的山脊与集水线，岛上最高点海拔 49.7m，坡度较为平缓，具有良好的开发空间。

工程地质：全岛由燕山晚期钾长花岗斑岩组成，地质条件较好。

水文条件：白塔岛位于杭州湾内，潮差大，暗流涌动，水文条件复杂，热带风暴和台风发生频率较高，台风期间常伴有狂风、暴雨、巨浪，每年 7～9 月发生灾害性风暴潮频率较高。

2. 生态环境因子

海水、沉积物、生物：依据示范区调查获得数据(详见第五章)。

陆地生态：白塔岛植被覆盖度较高，经过多次开发，人工干扰较大，一部分天然植被被人工茶园、橘园所取代，岛上有散养的鸡、鸭、羊等。岛的西南由于开山炸石，岩石裸露，生态遭到严重破坏。

海洋生态：白塔岛因为离大陆较近，毗邻秦山核电站，海域生态受到一定影响，渔业资源已经大不如前。

(二)资源开发利用类指标分析

1. 农业资源

岛上多薄雾，空气清新，土壤酸性，适合茶叶种植，所产的云雾茶为茶中上品，这些茶树生长在海雾日照交织之中，其对茶树生长极为有利。而且海岛与大陆之间有一定距离,常年无空气污染,环境宁静,所以这里所产的茶叶色翠、味甘、清口、香郁,但因其产量较低,市场上一般较难买到。岛上还有梨树、枇杷树、橘子树等一些果树,因其孤悬海外,生态环境保持极佳,皆为果中上品。

2. 渔业资源

白塔岛附近渔业资源贫乏。

3. 淡水资源

岛上淡水资源缺乏,全靠自然降水。

4. 交通条件

白塔岛现有高脚码头一座,500t 级以下大小船舶均可以停泊,非常方便。

(三)白塔岛开发适宜性评价结果

根据表 6-3 给出的评价指标体系与分级计算标准,对白塔岛的开发适宜性进行评级(表 6-5),得到白塔岛开发适宜性指标评价结果(表 6-6)。以表 6-6 的结果进行计算,得到白塔岛开发适宜度 EI 为 7.86,落入适宜开发(7≤EI≤10 分)范围。所以白塔岛作为生态旅游用岛开发是适宜的,其主要限制因子为淡水资源的匮乏。

表 6-5 白塔岛开发适宜性评价指标分级

目标层	准则层	评价指标	指标状况	指标分数
旅游类海岛开发适宜性	地形地貌	海岛面积	16hm²	4
		离岸距离	2.3km	10
		滩涂类型	滩面较宽,底质较好	7
	地质条件	地质稳定性	稳定	10
		海岸侵蚀	基本不侵蚀	9
	水文气象	灾害气象	频率较低	7
		水深	良好	9
	海洋环境	所属海洋功能区划	旅游类	8
		邻近海域海水水质	第三类	6
	陆地生态	珍稀濒危生物	无	10
		植被覆盖度	85%	9
	自然资源	自然景观	景观奇特优美	10
		历史遗迹	相关历史事件和人物知名度很小	4
		淡水资源开采条件	很难	2
	社会条件	交通条件	进出较容易	8
		电力条件	较便捷的电源输入	7

表 6-6　白塔岛开发适宜性指标评价结果

准则层评价指标	权重	指标层评价因子平均分值
地形地貌	0.07	7
地质条件	0.06	9.5
水文气象	0.03	8
海洋环境	0.27	7
陆地生态	0.27	9.5
自然资源	0.15	5.3
社会条件	0.15	7.5

三、马腰岛开发适宜性评价

马腰岛亦属于白塔山岛群，在政策法规及自然环境层面上与白塔岛相差无几。根据表 6-3 给出的评价指标体系与分级计算标准，对马腰岛的开发适宜性进行评级（表 6-7），得到马腰岛开发适宜性指标评价结果（表 6-8），再进行加权计算。结果显示，马腰岛开发适宜度指标 EI 为 6.8，属于适度开发（3 分＜EI＜7 分）范围。因此，马腰岛是适度开发类海岛。

表 6-7　马腰岛开发适宜性评价指标分级

目标层	准则层	评价指标	指标状况	指标分数
旅游类海岛开发适宜性	地形地貌	海岛面积	8.8hm^2	3
		离岸距离	2.3km	10
		滩涂类型	滩面宽度一般底质一般	5
	地质条件	地质稳定性	稳定	10
		海岸侵蚀	基本不侵蚀	9
	水文气象	灾害气象	频率较低	7
		水深	良好	9
	海洋环境	所属海洋功能区划	旅游类	8
		邻近海域海水水质	第三类	6
	陆地生态	珍稀濒危生物	无	10
		植被覆盖度	85%	9
	自然资源	自然景观	景观奇特优美	8
		历史遗迹	未发现历史遗迹	2
		淡水资源开采条件	很难	2
	社会条件	交通条件	进出较困难	6
		电力条件	电源缺乏	2

表 6-8 马腰岛开发适应性指标

准则层评价指标	权重	指标层评价因子平均分值
地形地貌	0.07	5
地质条件	0.06	9.5
水文气象	0.03	8
海洋环境	0.27	7
陆地生态	0.27	9.5
自然资源	0.15	4
社会条件	0.15	4

从适宜性指标评分结果来看，马腰岛进行旅游开发的条件不如白塔岛；除淡水资源匮乏以外，海岛面积较小、交通条件不便、电力资源不足等都是马腰岛开发的瓶颈所在。

第三节 海岛功能分区

无居民海岛功能分区的目标是要保障开发利用土地与生态保护用地之间的平衡，使海岛生态系统能够健康稳定地发展，并实现社会效益和生态效益双赢。按照景观生态学原理，各种资源在海岛上的生态最佳分布应该力求土地利用集中布局，一些小的自然斑块与廊道散布于整个海岛景观之中，同时人类活动在空间上沿大斑块的边界散布。研究表明，利用最小累积阻力(minimum cumulative resistance)模型可以从功能分区的角度实现上述目标。本节利用最小累积阻力模型对示范区主岛——白塔岛进行功能分区的应用示范。

一、白塔岛最小累积阻力模型的建立

(一)模型假设

白塔岛功能分区的应用示范，是在以无居民海岛休闲农业为主导功能的前提下，对白塔岛的土地进行分区。为了寻求社会效益和生态承载力的平衡，将白塔岛的土地用途分为两大类，即适宜开发利用地和适宜生态保护用地。生态敏感性强、一旦破坏很难恢复的土地作为生态保护用地，而生态敏感性较弱、开发难度较小的土地可作为开发利用地。

为实现生态效益最大化，生态保护用地需最大限度地扩张；为实现社会效益的最大化，开发利用地需要最大限度地扩张，这两个过程不是孤立的而是相互联系的。因此，从景观生态学角度观察，同一土地单元对于不同的过程分别起着阻碍或刺激作用。

同一土地单元阻碍或刺激作用的大小，可通过比较相同标准下建立的两个过程的最小累积阻力面得到。本文的阻力面基于白塔岛生态敏感性及开发利用程度而建立。

(二)源与阻力面的确定

根据海岛的实际情况，生态保护用地扩张源一般为海岛动植物集中区、重要的地质景观、名胜古迹等；开发利用地扩张源为房屋建设、坡度较缓且植被覆盖度不高的地区等。就白塔岛而言，生态保护用地扩张源选取生态功能较强的天然林地，开发利用地扩张源选取现有的建设用地。

　　以白塔岛的开发利用布局为目标，建立阻力表面，主要考虑两个方面：生态敏感性及距离码头远近。一般来说，敏感性级别越高、距离码头越远，越适宜生态保护用地的扩张；敏感性级别越低、距离码头距离越近，越适宜开发利用地的扩张。将图 6-13 展示的生态敏感性及白塔岛岛陆各地与码头的距离作栅格叠加运算，作为白塔岛开发利用地与生态保护用地的阻力面，结果如图 6-14 所示。

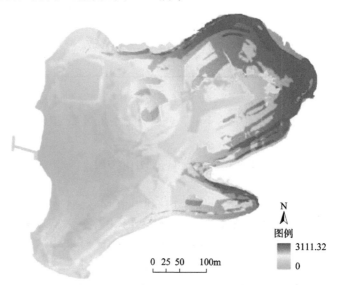

图 6-14　白塔岛最小累积阻力模型阻力面

（三）最小累积阻力值结果

　　景观阻力评价单位采用 0.8m×0.8m 的栅格，利用 ArcGIS "成本距离加权（coast-distance weight）" 工具分别计算两个过程的最小累积阻力面（图 6-15，图 6-16），

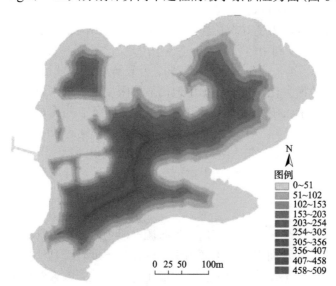

图 6-15　白塔岛生态保护用地扩张最小累积阻力面

用生态保护用地扩张最小累积阻力减去开发利用地扩张最小累积阻力，得到两种阻力的差值表面(图 6-17)。可见，差值较高的地方出现在岛的东部及东北部地区，而差值较低的地方则出现在岛的中南部及离码头较近的地方。

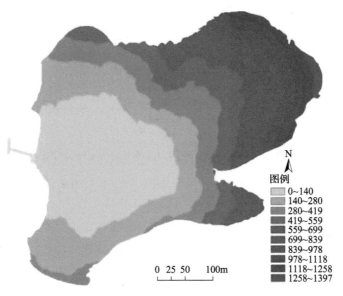

图 6-16　白塔岛开发利用地扩张最小累积阻力面

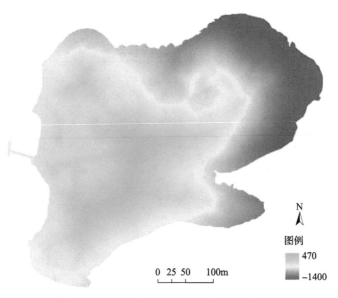

图 6-17　白塔岛最小累积阻力差值表面

二、白塔岛功能分区结果

根据白塔岛最小累积阻力差值表面的像元统计分布(图 6-18)，对白塔岛最小累积阻力表面重分类，过程如下。

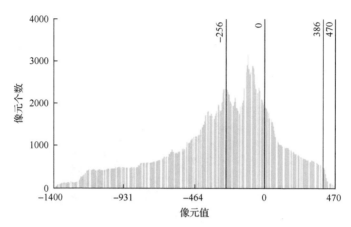

图 6-18　白塔岛最小累积阻力差值表面像元统计分布图

（1）以像元值 0 为阈值，小于 0 的栅格表面为适宜生态用地，大于 0 的栅格表面为适宜开发用地。

（2）对于适宜生态用地，根据统计分布的突变，以像元值–256 为阈值，分为保护区和保留区，小于–256 的栅格表面为保护区，–256～0 的栅格表面为保留区。

（3）对于适宜开发用地，同样根据统计分布突变，以像元值 386 为阈值，0～386 的栅格表面为适度开发区，大于 386 的栅格表面为重点开发区。

据此对图 6-16 所示白塔岛最小累积阻力差值表面进行重分类，得到白塔岛功能分区图（图 6-19），并可统计出各区块的面积比例（表 6-9）。结果显示，白塔岛保护区面积所占比例最大，约占岛陆总面积的 44.3%；保留区面积约占总面积的 33.5%，适度开发区面积约占总面积的 19.3%，重点开发区面积约仅占总面积的 2.9%。

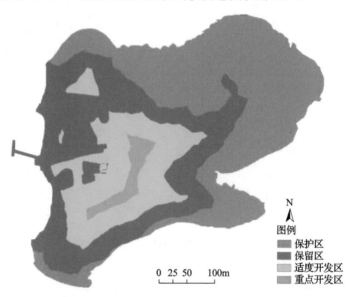

图 6-19　基于最小累积阻力的白塔岛分区图

表 6-9 白塔岛保护与利用分区阈值区间

类别	像元值区间	像元个数	面积 (m²)	比例 (%)
保护区	<−256	108 737	69 592	44.3
保留区	−256~0	82 073	52 527	33.5
适度开发区	0~386	47 238	30 232	19.3
重点开发区	>386	7 153	4 578	2.9

保护区是以生态保护源为核心，远离人类活动的集中地带，是景观保护、涵养水源、提高植被覆盖度和维护整体生态的核心区。白塔岛的保护区以植被覆盖区为主，分布在岛的北部和东部，目前少有人为破坏。保留区为保护区与开发利用区的生态缓冲区，主要分布在保护区的外围，对维护保护区的生态安全具有关键作用。保留区的存在使保护区免受直接干扰，避免海岛的重要生态功能和生态过程遭到破坏。适度开发区为具有一定开发利用优势的地区，在保护海岛自然生态的前提下可适当开发利用，如种植农作物。白塔岛的重点开发区目前是人类活动的核心地带，将来可集中建设，用于接待旅游观光人员。

《县级(市级)无居民海岛保护和利用规划编写大纲》中规定，"单岛保护区面积一般不小于单岛总面积的三分之一"(国家海洋局，2011)。本次应用示范所得白塔岛保护区面积比例为 44.3%，符合国家海洋局规定的"不小于单岛总面积的三分之一"，故可以将分区结果作为白塔岛未来规划的参考资料。

参 考 文 献

陈秋明. 2009. 基于生态——经济的无居民海岛开发适宜性评价. 厦门: 厦门大学硕士学位论文.

国家海洋局. 2011. 关于印发《县级(市级)无居民海岛保护和利用规划编写大纲》的通知(国海岛字〔2011〕332 号). http://www.zjoaf.gov.cn/zfxxgk/gkml/zcfg/qtxgwj/2011/06/07/2011060700043.shtml. (2011-06-07)[2018-06-10].

国家海洋局 908 专项办公室. 2005. 我国近海海洋综合调查与评价专项: 海岛调查技术规程. 北京: 海洋出版社.

国家环境保护总局, 国家质量监督检验检疫总局. 2002. 地表水环境质量标准(GB 3838—2002). 北京: 中国标准出版社.

国家环境保护总局. 2003. 生态功能区划暂行规程(2003 年 5 月 5 日起实施). http://www.zhb.gov.cn/stbh/stgnbh/201605/t20160522_342387.shtml. (2003-08-15)[2018-06-20].

国家环境保护总局. 2003. 生态功能区划暂行规程. http://www.mee.gov.cn/stbh/stgnbh/201605/t20160522_342387.shtml(2003-08-15)[2018-12-20].

谭丽荣. 2012. 中国沿海地区风暴潮灾害综合脆弱性评估. 上海: 华东师范大学博士学位论文.

杨志宏. 2013. 无居民海岛生态敏感性评价及功能分区研究——以白塔山岛为例. 杭州: 国家海洋局第二海洋研究所.

尹庆江. 1991. 杭州湾可能最大台风风暴潮计算. 海洋预报, 8(4): 43-51.

张海生. 2013. 浙江省海洋环境资源基本现状, 上下册. 北京: 海洋出版社.

张永华, 刘述锡, 王卫平, 等. 2013. 海岛开发适宜性及保护与利用分区方法研究. 大连: 国家海洋环境监测中心.

Diamond J T, Wright J R. 1988. Design of an integrated spatial information system for multi-objective land-use planning.Environment and Planning, 15(2): 205-214.

下　　篇

海岛分区与区域性海岛规划探索

第七章 工业开发类海岛分区方法

工业开发类海岛分区方法的研究工作与海岛开发适宜性评价及海岛功能分区方法研究相配合。以工业开发类海岛为例，依据海岛功能分区的原则和《海岛保护法》《全国海岛保护规划》《工业企业总平面设计规范》（GB 50187—2012）及国家海洋局的有关规定，结合工业开发类无居民海岛使用的具体情况，编制工业用岛保护与利用分区方法指南，为工业开发类无居民海岛的可开发利用方案编制及其单岛保护与利用规划提供技术支持。

第一节 依据与术语

一、依据

(1)《海岛保护法》。由第十一届全国人民代表大会常务委员会第十二次会议于2009年12月26日通过，自2010年3月1日起施行。

(2)《全国海岛保护规划》。经国务院批准，2012年4月19日国家海洋局正式公布。

(3)《海岛开发适宜性及保护与利用分区方法研究(200905004-4)子任务研究报告》(国家海洋环境监测中心，2012)。该报告借鉴主体功能区划的思想，以开发适宜性评估结果为基础，结合生态系统健康和承载力评估结果，初步确定将具体的无居民海岛空间划分为保护类、适度开发类和保留类3种类型。该报告建立了基于最小累积阻力模型的无居民海岛保护与利用分区方法，并从源的选定、阻力层的筛选、阻力赋值、阈值的确定等步骤为无居民海岛保护与利用分区提供了较为完整的技术路线。上述思想和技术方法对"工业开发类无居民海岛分区方法"研究具有指导意义。

(4)国家标准《海洋学综合术语》（GB/T 15918—2010）。

(5)国家标准《海洋学术语 海洋地质学》（GB/T 18190—2000）。

(6)《关于印发〈无居民海岛使用金征收使用管理办法〉的通知》(财综[2010]44号)。该文件由财政部和国家海洋局联合下发，其附件2"无居民海岛用岛类型界定"具有参考价值。

(7)《关于编制省级海岛保护规划的若干意见》(海岛字（2011）2号)。该文件提出了"海岛分类保护体系"（表1-3）。

(8)《关于印发〈无居民海岛保护和利用指导意见〉的通知》(海岛字（2011）44号)。该文件提出了《无居民海岛保护和利用指导意见》和《无居民海岛用岛区块划分意见》(专栏7-1)。

专栏 7-1   无居民海岛用岛区块划分意见

1.填海连岛用岛区块   填海连岛用岛区块范围包括被连接海岛的整岛区域。

2.土石开采用岛区块   土石开采用岛区块范围应包括实际开采区和外延的缓冲区，缓冲区应根据周边地质条件确定安全距离，最低不少于 5m。缓冲区不得进行开采，并应设置必要的安全防护设施。

3.房屋建设用岛区块   房屋建设用岛区块范围包括实际建筑物用岛区域、建筑物外缘的绿地和道路等必要的附属设施用岛区域，这些区域应作为整体予以认定，不得拆分。

4.仓储建筑用岛区块   仓储建筑用岛区块范围包括仓储设施(库房、堆场和包装加工车间等)用岛区域和附属设施(内部道路、绿地等)用岛区域，这些区域应作为整体予以认定，不得拆分。

5.港口码头用岛区块   港口码头用岛区块范围包括码头及其相应设施用岛区域，这些区域应作为整体予以认定，不得拆分。

6.工业建设用岛区块   工业建设用岛区块范围包括工业生产及配套设施(内部道路、绿地、供电、给排水等)用岛区域，上述区域应作为整体予以认定，不得拆分。

7.道路广场用岛区块   道路广场用岛区块范围包括道路、公路、铁路、桥梁、广场、机场等设施用岛区域。

8.基础设施用岛区块   基础设施用岛区块范围为除交通设施以外的用于生产生活的基础设施用岛区域。

9.景观建筑用岛区块   景观建筑用岛区块范围包括亭、塔、雕塑等人造景观建筑及其附属设施(内部道路、绿地、座椅等)用岛区域。

10.游览设施用岛区块   游览设施用岛区块范围包括索道、观光塔台、游乐场等设施(悬空设施用岛范围为最外缘投影线围城区域的范围)及外延缓冲区域(宽度以游览安全为原则确定)。

11.观光旅游用岛区块   观光旅游用岛区块划分以设计范围为依据。

12.园林草地用岛区块   园林草地用岛区块范围包括园林、草地及其附属设施(便道、小道、喷灌等)用岛区域。

13.人工水域用岛区块   人工水域用岛区块范围包括水渠、水塘、水库、人工湖(河)等及附属设施(桥梁等)用岛区域。

14.种养殖业用岛区块   种养殖业用岛区块范围包括种养殖区及配套设施用岛区域。

15.林业用岛区块   林业用岛区块范围包括种植、培育林木及必要的配套设施(不包括产品加工车间、厂房、大规模房屋建筑等)用岛区域。

(9)国家标准《工业企业总平面设计规范》(GB 50187—2012)。该国家标准规定了工业企业的选址和总体规划等方面的原则，并对总平面、竖向设计、交通、管线、绿化等布置进行了具体规定。对于工业开发类无居民海岛的规划与开发利用方案编制具有指导意义。

二、术语

(一)工业用岛

本方法所指工业用岛，是指开展工业生产所使用的无居民海岛。包括盐业、固体矿产开采、油气开采、船舶工业、电力工业、海水综合利用及其他工业用岛。

在海岛分类保护体系当中(表 1-3)，属于无居民海岛(一级类)适度利用类(二级类)工业用岛(三级类)。

(二)功能分区

将工业企业各设施按不同功能和系统分区布置，构成一个相互联系的有机整体。

(三)用岛区块

无居民海岛使用范围内按不同用岛类型划分的若干区域称为用岛区块。

基本用岛类型包括填海连岛、土石开采、房屋建设、仓储建筑、港口码头、工业建设、道路广场、基础设施、景观建筑、浏览设施、观光旅游、园林草地、人工水域、种养殖业和林业各类用岛区块(专栏 7-1)。

(四)竖向设计

为适应生产工艺、交通运输及建筑物、构筑物布置的要求，对场地自然标高进行改造。

由于基岩海岛的地形起伏较大，工业用岛区块的功能分区、路网及其设施位置的总体布局安排上，除须满足规划设计要求的平面布局关系外，还受到竖向高程关系的影响。所以，在进行工业用岛区块的地形利用和改造时，必须兼顾总体平面和竖向的使用功能要求，统一考虑和处理规划设计与实施过程中的各种矛盾与问题，才能保证场地建设与使用的合理性、经济性。

第二节　总体原则

(1)工业用岛的选择必须符合国家、省级和县级政府制定的海岛保护规划，符合国家的工业布局、城乡总体规划和土地利用总体规划的要求，按照国家规定的程序进行。

(2)工业用岛区块的划分要充分认识海岛保护的重要性，尊重海岛生态系统的特殊性，对维持海岛存在的岛体、海岸线、沙滩、植被、淡水和周边海域等生物群落和非生物环境实行科学规划和严格保护。

(3)工业用岛企业的总平面规划要因地制宜，合理布置，节约集约用地，提高土地利用率；要以工程设计标准和行业规划编制规范为主要依据，保持区块的相对完整性，避免区块重叠。

(4)工业用岛的用岛区块划分及用岛企业的总平面布局必须执行国家有关强制性标准规定，并符合现行的防火、防潮、防浪、防涝、安全、卫生、交通运输和环境保护、节能等有关标准、规范的规定。

(5)工业用岛的规划与建设应当与自然景观和谐一致；实施清洁生产，建设污水处理场或设施，实现中水循环利用；工业废物要进行无害化处理、处置，危险废弃物应当集中外运；工业废气应当按规定净化达标后排放；在工业建设和生产过程中对海岛生态造成破坏的，应当进行修复。

(6)存在下列情况的不得选为工业用岛：①发震断层和抗震设防烈度为9度及高于9度的地震区；②受海啸危害的地区；③有严重滑坡、流沙等直接危害的地段；④对飞机起落、机场通信、电视转播、雷达导航和重要的天文、气象、地震观察及军事设施等规定有影响的范围内。

第三节　功能分区

一、功能分区原则

无居民海岛空间划分为重点开发区、适度开发区、生态修复区和严格保护区4种类型，分区遵循以下原则。

(1)以自然属性为主。分区要以自然属性为基础，兼顾社会属性，如开发利用现状等。

(2)有利于促进海洋经济和社会发展。分区要充分考虑地方和行业对无居民海岛开发利用的意见，对必要的和可行的功能安排适合的分区；分区要体现一个具体的海岛生态系统在空间分布上的相似性和差异性，并注重空间分布的连续性。

(3)备择性。在具有多种功能的海岛区块，当开发与保护的功能发生冲突时，应优先选择满足海域海岛保护功能的分区方案，以及直接开发利用海岛资源时符合绿色发展理念的分区方案。

(4)前瞻性。海岛分区应体现出科学预见基础上的超前意识，要为未来海洋产业和经济发展留有足够的空间，统筹安排开发与保护的用海需求。

二、重点开发区与适度开发区

工业用岛的重点开发区是指工业生产及配套设施的用岛区域。工业用岛的适度开发区是与重点开发区相邻的外围部分，作为用岛企业未来发展的预留空间。

居住区、交通运输、动力公用设施、防洪排涝、废料场、尾矿场、排土场、环境保护工程、综合利用场地和施工基地等，应与厂区用地同时选择。

用岛工业企业应通过桥梁和隧道方式与外界连接，协调好厂址与港口码头的位置关系。

重点开发区和适度开发区的总面积不超过工业用岛总面积的40%。

三、生态修复区

工业用岛的生态修复区面积占工业用岛总面积的10%～30%。

在海岛进行绿化、生态修复等保护活动时，应尽量采用海岛原有物种或者本地物种，避免造成生态灾害。

四、严格保护区

工业用岛的严格保护区包括具有重要研究和生态价值的草本和木本植物生长区，有研究和生态价值的珍稀动物活动区，导航、气象等重要公共基础设施，名胜古迹等人工建筑物，具有独特价值的地质或景观，海岸线、沙滩等重要的海岛资源等。严格保护区原则上不少于工业用岛总面积的 30%。

对于海岛上的珍稀濒危或者有研究和生态价值的动植物物种，以及具有较大科学研究价值或者美学价值的地质遗迹和景观山石等特殊地形地貌，应划定保护范围。

五、限制性指标

(1)用岛区块内植被面积减少的比例原则上不得超过原有植被总面积 30%，工业用岛区块绿地率不小于 15%。

(2)海岛开发不得造成原有高等植被群落的灭失(例如，不得出现原来有乔木生长的海岛、开发利用后不再拥有乔木群落的现象)；海岛植被修复不得以简单植物群落(如草丛或灌丛)代替原有的复杂植物群落(如乔木群落)；禁止采挖、破坏珊瑚和珊瑚礁；禁止砍伐海岛周边海域的红树林。

(3)自然岸线保有率。工业用岛受保护的自然岸线不得低于海岛岸线总长的 35%。

(4)岸线后退区。在海岛上建造建筑物和设施应与自然岸线保持适当距离，对于基岩岸线，应保持 20m 以上；对于砂砾质岸线，应保持 100m 以上；对于有海岸沙丘发育的砂质海岸，建筑物须严格建设在海岸沙丘区向陆一侧的外围。

(5)严格保护海岸沙丘植被。工业用岛开发利用具体方案应明确提出海岸沙丘防护植被的保护范围和养护目标。

(6)使用海岸线达到原有岸线长度 30% 以上且超过 200m 的用岛项目，应专题论证。

(7)海岛开发利用应充分利用原有地形地貌，避免采挖土石。确需采挖土石方且采挖面积达到用岛面积 30% 以上的用岛项目，应专题论证。

(8)禁止损毁或者擅自移动设置在海岛的助航导航、测量、气象观测、海洋监测和地震监测等公益设施。

(9)海岛利用过程中产生的废水，应当按照规定进行处理和排放；产生的固体废物，应当按照规定进行无害化处理、处置，禁止在无居民海岛弃置或者向其周边海域倾倒。

第四节　基于最小累积阻力模型的功能分区方法

一、概念

最小累积阻力(minimum cumulative resistance)模型是景观生态学的方法，通过单元最小累积阻力的大小可判断生态系统内部不同景观要素的"连通性"和"相似性"。其数学公式可以表示为

$$MCR = f \min \sum_{i=n}^{i=m} D_{i,j} \times R_i \qquad (7\text{-}1)$$

式中，MCR 是最小累积阻力值；$D_{i,j}$ 表示物种从源 j 到景观单元 i 的空间距离；R_i 表示景观单元 i 对某物种运动（或者说生态空间扩张）的阻力系数；$\sum$ 表示单元 i 与源 j 之间穿越所有单元的距离和阻力的累积；min 表示被评价的斑块对于不同的源取累积阻力最小值；f 表示最小累积阻力与生态过程的正相关关系，是一个单调递增函数。

图 7-1 为最小累积阻力模型简图，图中 A、B 分别表示开发利用地和生态保护用地扩张板块源，D 表示生态保护用地扩张最小累积阻力曲线，E 表示开发利用地扩张最小累积阻力曲线，C 表示两个过程最小累积阻力相等的像素单元。在 A 和 C 之间，生态保护用地扩张最小累积阻力大于开发利用地扩张最小累积阻力，表示这区间的斑块相对更"靠近"开发利用地扩张源，因此应该作为开发利用地；反之，B 和 C 之间斑块应作为生态保护用地。

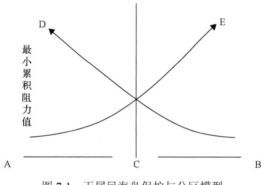

图 7-1   无居民海岛保护与分区模型

二、方法

建立以两个景观过程最小累积阻力差值为基础的无居民海岛保护与分区方法，用下式来表示：

$$MCR_{\text{差值}} = MCR_{\text{生态保护用地扩张阻力}} - MCR_{\text{海岛开发利用地扩张阻力}} \qquad (7\text{-}2)$$

以 MCR $_{\text{差值}}$值 0 为适宜开发用地和适宜生态保护用地之间的分界线：MCR $_{\text{差值}}$小于 0 时，应该被划分为适宜生态保护用地；MCR $_{\text{差值}}$大于 0 时，被划分为适宜开发利用地。

三、主要步骤

(1)源的定位。源是斑块扩散和维持的原点，它具有内部同质性和向四周扩张或向"源"本身汇集的能力。选取的源应该具有代表性，能充分表达研究区的生境保护需求和开发利用地扩张的需求，在实际操作中可以是矢量数据也可以是栅格数据。根据无居民海岛调查结果，选取生态保护性景观斑块作为源。

(2)阻力面的确定。为每个景观单元赋以相应的阻力值，阻力值要能够相对反映出不同阻力因子的差异性。不论是开发利用还是生态保护，两个过程阻力面的赋值是相反的，其目的是使两个过程具有相同的标准。扩张阻力主要是受地形地貌、土壤植被、自然灾害、生态景观类型等因素的综合作用。

(3)在 ArcGIS 中运用空间分析中的成本距离加权模型进行计算,得到累积分布图。源的空间最小阻力值被认为是不同景观单元对于无居民海岛保护的生态空间扩张阻力。

(4)根据最小累积阻力值计算结果,确定无居民海岛保护与利用分区的阈值,从而自动划分出保护与利用分区,确定保护与利用分区的保护类、保留类、适度开发类(优化开发利用区、适当开发利用区)。

第五节 总平面布置

(1)工业用岛的厂区用地,应与生活区(宿舍)、交通运输、动力公用设施、废料场及环境保护工程、施工基地等用地同时选择。

(2)工业用岛区块应满足工业企业近期建设所必需的场地面积(其建设用地应符合《工业项目建设用地控制指标》及其他相关规定的要求)和适宜的地形坡度,符合国家现行的有关规定,并应根据工业企业远期发展规划的需要,适当留有发展的条件。

(3)总平面布置应符合下列要求:①在符合生产流程、操作要求和使用功能的前提下,建筑物、构筑物等设施应采用集中、联合、多层布置;②满足防火、防爆、防噪、安全、卫生、节能、施工、检修、厂区发展等要求,合理减少各建筑物、构筑物的间距,并适当考虑绿化和空间景观的要求;③应按企业规模和功能分区合理地确定通道宽度;④厂区功能分区及建筑物、构筑物的外形宜规整;⑤功能分区内各项设施的布置应紧凑、合理。

(4)总平面布置的预留发展用地,应符合下列要求:①分期建设的工业企业,近、远期工程应统一规划。近期工程应集中、紧凑、合理布置,并与远期工程合理衔接;②远期工程用地宜预留在厂区外,只有当近、远期工程建设施工期间隔很短,或远期工程和近期工程在生产工艺、运输要求等方面密切联系不宜分开时,方可预留在厂区内。其预留发展用地内不得修建永久性建筑物、构筑物等设施;③预留发展用地除应满足生产设施发展用地外,还应预留辅助生产、动力公用、交通运输、仓储及管线等设施的发展用地。

(5)厂区的通道宽度应根据下列因素确定:①通道两侧建筑物、构筑物及露天设施对防火、安全与卫生间距的要求;②铁路、道路与带式输送机通廊等工业运输线路的布置要求;③各种工程管线的布置要求;④绿化布置的要求;⑤施工、安装与检修的要求;⑥竖向设计的要求;⑦预留发展用地的要求。

(6)总平面布置应充分利用地形、地势、工程地质及水文地质条件,合理地布置建筑物、构筑物和有关设施,应减少土(石)方工程量和基础工程费用。当厂区地形坡度较大时,建筑物、构筑物的长轴宜顺等高线布置,并应结合竖向设计,为物料采用自流管道运输及高站台、低货位等设施创造条件。

(7)总平面布置应结合当地气象条件,使建筑物具有良好的朝向、采光和自然通风条件。

(8)总平面布置应防止高温、有害气体、烟、雾、粉尘、强烈振动和高噪声对周围环境和人身安全的危害,还应符合国家现行有关工业企业卫生设计标准的规定。

(9)总平面布置应合理地组织货流和人流。

(10)总平面布置应使建筑群体的平面布置与空间景观相协调,并应结合城镇规划及厂区绿化提高环境质量、创造良好的生产条件和清洁友好的工作环境。

第六节　竖　向　设　计

(1)竖向设计应与总平面布置同时进行,并应与厂区外现有和规划的运输线路、排水系统、周围场地标高等相协调。竖向设计方案应根据生产、运输、防洪、排水、管线敷设及土(石)方工程等要求,结合地形和地质条件进行综合比较后确定。

(2)竖向设计应符合下列要求:①满足生产、运输要求;②有利于土地节约集约利用;③使厂区不被洪水、潮水及内涝水淹没;④合理利用自然地形,尽量减少土(石)方、建筑物、构筑物基础、护坡和挡土墙等工程量;⑤填、挖方工程应防止产生滑坡、塌方,海岛建厂应注意保护山坡植被,避免水土流失;⑥充分利用和保护现有排水系统,当必须改变现有排水系统时,应保证新的排水系统水流顺畅;⑦与海岛原貌和厂区景观相协调;⑧分期建设的工程,在场地标高、运输线路坡度、排水系统等方面,应使近期与远期工程相协调;⑨改建、扩建工程应与现有场地竖向相协调。

(3)竖向设计形式应根据场地的地形和地质条件、厂区面积、建筑物大小、生产工艺、运输方式、建筑密度、管线敷设、施工方法等因素合理确定,可采用平坡式或阶梯式。

(4)场地平整可采用连续式或重点式,并应根据地形和地质条件、建筑物及管线、运输线路密度等因素合理确定。

(5)工业用岛区块的自然坡度大于4%时,厂区竖向宜采用阶梯式布置,阶梯的划分,应符合下列要求:①应与地形及总平面布置相适应;②生产联系密切的建筑物、构筑物应布置在同一台阶或相邻台阶上;③台阶的长边宜平行等高线布置;④台阶的宽度应满足建筑物、构筑物、运输线路、管线和绿化等布置要求,以及操作、检修、消防和施工等需要;⑤台阶的高度应按生产要求及地形和工程地质、水文地质条件,结合台阶间运输联系和基础埋深等因素综合确定,并不宜高于4m。

(6)相邻的台阶之间应采用自然放坡、护坡或挡土墙等连接方式,并应根据场地条件、地质条件、台阶高度、景观、荷载和卫生要求等因素,进行综合技术经济比较后合理确定。

参 考 文 献

国家海洋局. 2010. 海洋特别保护区功能分区和总体规划编制技术导则(HY/T 118-2010). 北京: 中国标准出版社出版.

国家海洋局. 2012. 关于印发全国海岛保护规划的通知(国海发〔2012〕22 号). http://www.soa.gov.cn/zwgk/hygb/gjhyjgb/2012_1/201508/t20150818_39487.html. (2012-04-18) [2018-06-10].

国家质量技术监督局. 2001.海洋学术语　海洋地质学(GB/T 18190—2000). 北京: 中国标准出版社.

张永华, 刘述锡, 王卫平, 等. 2013. 海岛开发适宜性及保护与利用分区方法研究报告. 大连: 国家海洋环境监测中心.

中华人民共和国海岛保护法. 2009. 北京: 中国法制出版社.

中华人民共和国国家质量监督检验检疫总局, 中国国家标准化管理委员会. 2011. 海洋学综合术语 (GB/T 15918—2010). 北京: 中国标准出版社.

住房和城乡建设部. 2012. 工业企业总平面设计规范(GB 50187—2012). 北京: 中国计划出版社.

第八章　杭州湾区域海岛规划

在当前海洋权益重要性日益突显、海洋经济快速发展、人口膨胀、土地资源日益紧缺的形势下，海岛不仅是国防前哨，是拓展海洋经济发展空间的前沿阵地，还是国家与地方的战略储备资源。编制海岛保护规划、保护海岛及其周边海域环境、规范海岛开发秩序、维护国家海洋权益、促进海岛经济社会的可持续发展已成当务之急。

《海岛保护法》确定了科学规划、保护优先、合理开发和永续利用的海岛使用原则，明确实行海岛保护规划制度。海岛保护规划应当按照海岛的区位、自然资源和环境等自然属性及保护、利用状况，确定海岛分类保护的原则和可利用的海岛，以及需要重点修复的海岛等事项。因此要进行海岛保护及开发，必须先制定海岛保护规划。

区域层面的海岛保护与利用规划编制示范是海岛规划公益项目"产学研用"全链条研究与应用的重要环节。这项示范性工作要求选择若干海岛，按照省域海岛保护与利用规划的要求，开展区域性海岛保护与利用规划编制示范。在东海区，选择沪浙共有的杭州湾进行区域性海岛保护与利用规划的编制工作。

中国第一大经济圈——长江三角洲由上海市和江苏、浙江两邻省的有关地市共同构成，杭州湾即位于上海市与浙江省之间。上海市是中国国家中心城市和经济、金融、航运及贸易中心。浙江省是海洋大省，海域宽阔，海岛众多。随着经济发展和改革开放的深入，浙江省海洋开发不断向广度、深度拓展，海岛的重要性日益显现，开发活动日趋增多，已成为经济社会发展的新空间。浙江舟山群岛新区——首个以海洋为特色的国家级战略区的各项建设开发也在快速推进。

杭州湾拥有海岛 86 个，隶属于上海市和浙江省。虽然杭州湾海岛的绝对数量在沪浙管辖海岛中仅占很小比例，但其区位条件优越，其保护与利用也相应地具有重要的区域性影响和示范性作用。为了衔接周边区域社会经济发展，进一步深化省域层面的海岛保护与利用规划，对此区域的海岛进行深化的保护与利用规划显得十分必要且紧迫。

第一节　规划的依据、原则、范围、期限与目标

一、规划依据

(1)《海岛保护法》。

(2)《全国海岛保护规划》。

(3)《城乡规划法》。

(4)《海域使用管理法》。

(5)《浙江省海洋环境保护条例》。

(6)《无居民海岛保护与利用管理规定》(国海发〔2003〕10 号)。

(7)《浙江省无居民海岛保护与利用规划》。

(8)《浙江省海域使用管理办法》。

(9)《浙江省海洋功能区划(2011—2020 年)》。

(10)《浙江省国民经济和社会发展第十二个五年规划纲要》。

(11)《城市用地分类与规划建设用地标准》(GB 50137—2011)。

(12)《浙江省土地利用总体规划(2006—2020 年)》。

(13)《浙江省城镇体系规划(2011—2020)》。

(14)《长江三角洲地区区域规划》(发改地区〔2010〕1243 号)。

(15)《上海市金山区区域总体规划》。

还有其他相关法律、法规、部门规章、行业标准、规范性文件等。

二、规划原则

(一)坚持科学规划、保护优先、合理开发、永续利用

按照杭州湾海岛自然环境、自然资源、生态系统的特殊性,对岛陆的水、土、林资源,海岛岸线与滩涂,周边海域的水体环境及各种生物资源实行严格保护。科学选择开发利用模式,指导海岛合理开发利用。强化生态建设和环境保护,提高节能环保水平,切实保护海洋环境,实现经济社会可持续发展。维护国家权益、保障国防安全;坚持科学规划、保护优先、合理开发,永续利用。

(二)坚持因岛制宜、统筹兼顾,分类指导

兼顾杭州湾海岛的自然、经济、社会属性,因岛制宜、保证海岛生态与社会经济发展、统筹规划海岛保护与开发活动。根据海岛不同的区位、资源与环境、保护和开发利用现状,兼顾保护与发展的实际情况,强化分类管理和分区管理,突出主导功能,兼顾辅助功能,打造特色鲜明的海岛产业群。

(三)科学利用,突出重点

兼顾近期与长远、开发与保护、局部与整体,根据海岛资源环境容量,把握海岛开发的规模,安排好海岛利用的时序,有序、合理地推进海岛开发。突出对重点海岛的保护与开发利用,实施海岛保护与利用重点工程,促进海岛经济社会可持续发展。

(四)与海洋功能区划及相关规划协调

杭州湾海岛保护规划将保持与相关土地利用总体规划、海洋功能区划、相关沿海各市城市总体规划协调的原则。

(五)遵守法制与综合管理

《海岛保护法》的颁布和实施,为实施海岛保护规划提供了法律保障,海岛保护和开发活动必须严格遵守无居民海岛保护与开发利用规划和有居民海岛保护规划,建立无居民海岛"有序、有度、有偿"制度,建立并完善海岛保护规划的法律法规体系和实施

海岛保护规划的行政综合管理体制。

三、规划范围

本次规划的范围为杭州湾海域范围内的海岛(图 8-1)。

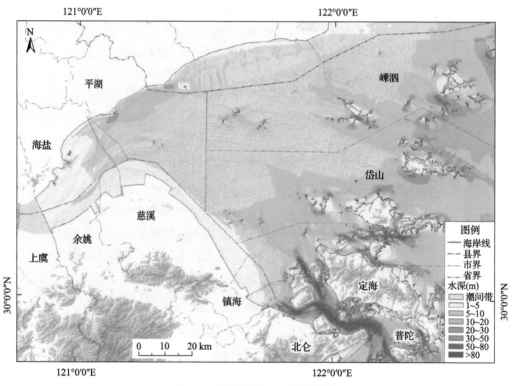

图 8-1　杭州湾地理位置示意图

从行政区划上看,杭州湾海域涉及上海市和浙江省共 12 个县(市、区),即上海市金山区,以及浙江省的杭州市萧山区,嘉兴市海宁市、海盐县和平湖市,绍兴市柯桥区和上虞区,宁波市余姚市、慈溪市和镇海区,舟山市岱山县、嵊泗县(图 8-2)。

四、规划期限与目标

本次规划基础时间为 2011 年底,近期为 2012~2020 年,远期为 2021~2030 年。

(一)总体目标

规划期内,杭州湾建立可持续发展的海岛保护与利用格局;海岛及周边海域资源、生态环境得到全面保护与改善;海岛资源得到有序、合理利用与开发,建立和完善高效、综合的海岛现代管理体系。

(二)近期目标(2012~2020 年)

以整治海岛无序的开发利用、修复生态环境为主,适度开发利用杭州湾海岛。

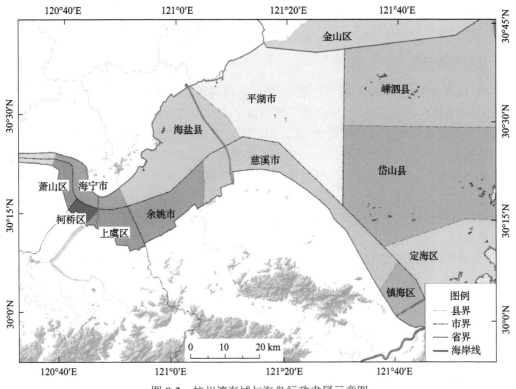

图 8-2 杭州湾海域与海岛行政隶属示意图

(1)清理整顿违法、违规的海岛开发活动，对已遭受破坏的海岛尽可能地进行恢复治理，并杜绝产生新的违法、违规开发活动。建立杭州湾海岛定期联合巡查制度。

(2)增设海洋特别保护区、海洋自然保护区、增殖放流保护区等，开展重点区域、重点海岛的生态修复工程，初步建立海洋生态环境保护区体系；建立和完善各类保护区管理机构，明确相关保护与管理政策，建立保护区保护管理网络，基本实现保护区各项阶段性保护目标。重点建设王盘山海洋自然保护区、七姊八妹列岛海洋特别保护区，使这两个保护区和已建的金山三岛自然保护区形成杭州湾的三大保护区。

(3)结合全省海洋经济发展的需要，推动若干重点建设区域内海岛资源综合利用研究和示范。重点开发特色海岛建设，启动外蒲山、白塔山、滩浒山三处特色海岛开发。

(三)远期目标(2021～2030 年)

保护与开发利用并重，实现杭州湾海岛资源高效利用与生态保护协调发展。

(1)健全与完善海岛综合管理体系建设，提高海岛保护与利用的法制化、规范化和科学化水平。

(2)与全国同步建成海岛小康社会。进一步发挥海岛的资源优势，积极提升海岛科学开发水平，使可利用海岛的开发建设走上可持续发展的道路。

(3)实现杭州湾海岛生态全面有效保护，海岛特色资源高效利用。进一步完善以海洋特别保护区、海洋自然保护区为主的保护区建设，形成完善的海洋生态环境保护区体系，强化保护区机构能力，完成保护区的预期保护目标，并将海岛保护工作的重心、范围由重点区域向一般区域延伸。

五、规划主要任务

(1)深入分析《全国海岛保护规划》《长江三角洲地区区域规划》《浙江省城镇体系规划(2011-2020)》《浙江省环杭州湾地区城市群空间发展战略规划》省市域海洋功能区划等上位规划要求，结合海岛所属地(县、市、区)社会经济发展规划和城乡规划，广泛吸收国内外海岛开发与保护成功经验，进一步明确和深化研究海岛整体开发和保护思路，以及具体海岛功能定位、保护与开发类型、模式等框架性和前瞻性问题。

(2)对于陆域面积较大的岛屿，特别是城乡建设类用岛，提出社会经济发展目标体系；提出可指导操作实施的建设开发布局、空间管制、陆岛交通等基础设施规划内容及非建设用地布局。

(3)对于陆域面积较小的岛屿，结合《浙江省无居民海岛保护与利用规划》，研究并提出各海岛生态保护、生态修复、景观塑造的目标、原则与方法。

第二节　规划区海岛概况

一、地理概况

杭州湾位于中国东部，上海市与浙江省之间(图8-1)，西起浙江省海宁市与萧山区之间的钱江十桥规划桥址断面，与钱塘江河口水域为界；东至上海市扬子角-宁波市镇海甬江口连线，与舟山市和宁波市北仑区海域为邻；西入杭州市和嘉兴市辖区，南邻宁波市和绍兴市，北接上海市和嘉兴市，海域面积5000km²以上，大陆海岸线总长约350km。

杭州湾底形态自湾口至乍浦地势平坦，从乍浦起，以0.1‰~2‰的坡度向西抬升，在钱塘江河口段形成巨大的沙坎。杭州湾北岸为长江三角洲南缘，沿岸深槽发育；南岸为宁绍平原，沿岸滩地宽广。湾底的地貌形态和海湾的喇叭形特征使这里常出现涌潮或暴涨潮。杭州湾以钱塘涌潮著称，是中国沿海潮差最大的海湾(陈则实等，1992)。

二、海岛的分布

杭州湾海域共有86个海岛，其中82个分布于浙江省环湾5县(市)，包括海宁市、海盐县、平湖市、嵊泗县和岱山县，4个位于上海的金山区。

杭州湾海岛分布具有以下特征：①分布范围较广，分布相对集中；②多为列岛、群岛，呈链状、群状形式；③在近岸浅海区域的岛屿，与大陆联系较为紧密，多为无人居住的海岛，仅嵊泗县的滩浒山岛为有居民海岛(图8-3)。

按海岛的物质组成，杭州湾海域均为基岩岛。

按海岛空间位置，杭州湾海岛大致可以分为7个岛群，分别是平湖外蒲山岛群、海盐白塔山岛群、平湖王盘山岛群、嵊泗滩浒山岛群、嵊泗大白山岛群、岱山七姊八妹列岛岛群和上海大小金山岛群。

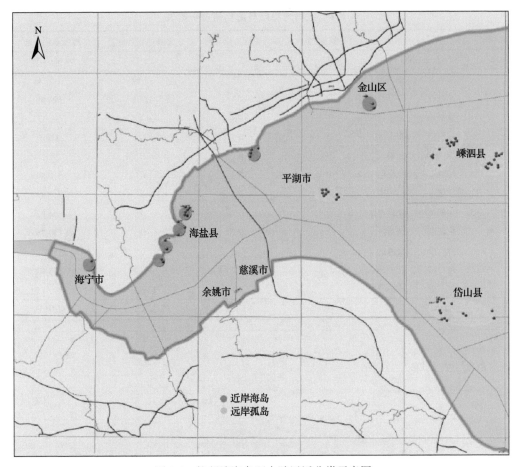

图 8-3　杭州湾海岛距大陆远近分类示意图

三、海岛面积与岸线

截至 2013 年，杭州湾海岛总面积约为 305.95hm²、海岸线总长为 53.48km（表 8-1）。海岛面积不足 10hm² 的微型岛屿有 80 个，占总数的 91.86%，合计面积为 141.53hm²；陆域面积在 10hm² 以上的仅 6 个，分别是白塔岛、西霍山岛、东霍山岛、大金山岛、大白山岛和滩浒山岛（图 8-4）。滩浒山岛面积 54hm²，是杭州湾面积最大的海岛。

四、杭州湾海岛现状总体评价

（一）海岛数量较多，面积普遍较小，生态系统脆弱

杭州湾海岛数量较多，分布广，大量岛屿离岸较近且分布集中，有利于岛屿开发利用；但由于岛屿面积普遍较小，配套设施接入环境较差，因此利用的工程投入相对较大。同时岛屿自然环境恶劣，生态系统脆弱，常风大，蒸发量大，水资源缺乏，土层浅薄，林木很难生长或生长缓慢，从而导致自然生态系统十分脆弱。调查显示，越小的岛屿，生物种类越少；在陆地面积只有数平方米的海岛上，地表生物十分贫乏。

表 8-1　杭州湾海域与海岛信息一览表

省(市)	所属县市区		海岛数量(个)	海岛岸线长度(km)	海岛面积(hm²)	海域面积(km²)
上海市	金山区		4	4.93	29.34	680.05
浙江省	嘉兴市	平湖市	17	6.07	22.82	1054.51
	嘉兴市	海盐县	16	9.67	48.31	526.99
	嘉兴市	海宁市	1	0.26	0.40	98.33
	杭州市	萧山区	0	0	0	47.05
	绍兴市	柯桥区	0	0	0	28.52
	绍兴市	上虞区	0	0	0	110.80
	宁波市	余姚市	0	0	0	215.44
	宁波市	慈溪市	0	0	0	464.97
	宁波市	镇海区	0	0	0	150.26
	舟山市	定海区	0	0	0	131.82
	舟山市	岱山县	20	11.24	65.25	825.44
	舟山市	嵊泗县	28	21.31	139.83	705.13
合计			86	53.48	305.95	5039.31

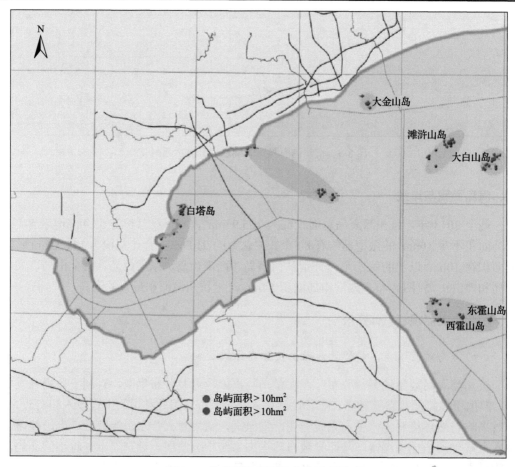

图 8-4　杭州湾海岛面积分类示意图

（二）发展潜力较大，开发风险大、成本高

杭州湾海岛拥有较为丰富的旅游、生物、海洋能、风能资源，发展潜力较大。但是海岛的生态系统非常脆弱，一旦被人类的开发活动破坏就很难恢复；大多数海岛特别是无居民海岛面积狭小，缺乏淡水、电力、燃料、通信，经济自我维持和自我调节能力差，必须依靠岛外经济体系的支持；很多海岛对外交通不便，建筑材料从大陆运到海岛上成本很高；而且台风等灾害也会对海岛开发产生不利影响，这就决定了大多数海岛低产、高耗、开发风险大。资金有限也让一些海岛的开发难以为继。

（三）利用程度不高，方式较为粗放

杭州湾海岛总体开发利用的程度不高，尤其是距离大陆较远的海岛，基本上仍保持相对原生态的状态，只有少数几个离大陆岸线较近的海岛有不同程度的开发利用，但也仅进行了局部基础设施工程、海洋旅游和海洋渔农业等开发，现状仍为无居民海岛。

（四）保护取得成效，管理机制待健全

依托海洋自然保护区和海洋特别保护区的建设，杭州湾内局部无居民海岛的生态环境与生物多样性得到较好的保护与改善。例如，上海市 1991 年建立了金山三岛自然保护区、《嘉兴市无居民海岛保护与利用总体规划》(2008)曾将王盘山岛群海域列为重要渔业品种保护区，但总体上覆盖面还不够大，大量保护区外的海岛缺乏保护的手段与措施。

第三节　与上位规划及相关规划的关系

一、与上位规划的关系

（一）《全国海岛保护规划》

《全国海岛保护规划》提出杭州湾海岛的资源优势为"港口航道和生态旅游等特色资源"，要"加强九段沙、金山三岛等保护区建设；维护大巫子山、下盘山、七里峙等海岛上的航标、灯塔等公益设施的正常使用；发展以崇明岛和杭州湾内海岛为代表的现代海岛生态旅游业；"服务上海国际航运中心建设""修复受损海岛及其周边海域生态系统；发展海岛特色生态旅游业和生态渔业""支持舟山群岛新区建设"。

（二）《浙江省无居民海岛保护与利用规划》

《浙江省无居民海岛保护与利用规划》引入"无居民海岛岛群"概念，按照保护优先、适度利用的原则，将全省无居民海岛划分为 119 个无居民海岛岛群，并进一步细分为特殊保护型、一般保护型和适度利用型三类。

在杭州湾海岛划分出 5 个岛群，即平湖外蒲山岛群、海盐白塔山岛群、平湖王盘山岛群、嵊泗滩浒山岛群和岱山七姊八妹列岛岛群。这 5 个岛群均为一般保护型岛群，主导功能涵盖海岛景观保护、滨海旅游、现代农渔业及港口航运业(表 8-2)。

表 8-2　浙江省无居民海岛岛群规划分类和主导功能一览表(浙江省人民政府，2013)

海域分区	序号	岛群名称	岛群编号	类型	主导功能
杭州湾海域（Ⅰ）	1	平湖外蒲山岛群	Ⅰ-01	一般保护型	在海岛景观保护基础上，积极发展滨海旅游和现代农渔业
	2	海盐白塔山岛群	Ⅰ-02	一般保护型	在海岛景观保护基础上，积极发展滨海旅游、现代农渔业，少量发展港口航运业
	3	平湖王盘山岛群	Ⅰ-03	一般保护型	在海岛景观和重要渔业资源保护基础上，积极发展滨海旅游和现代农渔业
	4	嵊泗滩浒山岛群	Ⅰ-04	一般保护型	在海岛景观保护基础上，积极发展滨海旅游和现代农渔业
	5	岱山七姊八妹列岛岛群	Ⅰ-05	一般保护型	保留为主，少量开展对环境影响较小的利用活动

（三）《浙江海洋经济发展示范区规划》

根据《浙江海洋经济发展示范区规划》，全省确定为"一核两翼三圈九区多岛"的海洋经济总体发展格局。环杭州湾产业带及其近岸海域要加强与上海国际金融中心和国际航运中心对接，突出新型临港先进制造业发展和长江口及毗邻海域生态环境保护，成为带动长江三角洲地区海洋经济发展的重要平台。

（四）《浙江省海洋功能区划（2011—2020 年）》

《浙江省海洋功能区划（2011—2020 年）》在杭州湾海域明确了嘉兴市海域和宁波市余姚市、慈溪市、镇海区等市区管辖海域的海洋功能，主要为滨海旅游、湿地保护、临港工业等基本功能，兼具农渔业等功能（图 8-5）。管理上需要处理好治水、围海等的关系，探索建立统一综合的杭州湾海域管理体制；处理好滨海旅游、湿地保护、海洋渔业与临港工业关系；强化海陆联动，加强海域环境质量监测和综合整治，逐步改善该海域生态环境状况；加强农渔业区内重要渔业品种保护区建设，保护鳗鱼苗、蟹苗等渔业资源。

二、与相关规划的关系

从自然条件看，杭州湾北岸是侵蚀海岸，优势资源是港口资源。沿海城镇依托港口资源，主要发展临港型第二、第三产业，重要产业基地有上海的南汇新城、金山工业区和浙江的乍浦港工业区等。杭州湾南岸是淤积海岸，滩涂资源是竞争优势，以围垦土地、发展综合新城为主，重要产业基地有杭州大江南，绍兴滨海新城，宁波杭州湾新区、镇海化学工业园区、北仑港区等。

确定与海洋功能相协调的沿海地区主导功能，按照不同功能区的具体要求对不同海区进行目标管理，保障海洋生态系统良性循环。因此根据杭州湾沿岸各地总体规划中对于海域的功能定位，对海岛规划进行指导和协调，实现海陆统筹、陆海联动、依陆兴海。

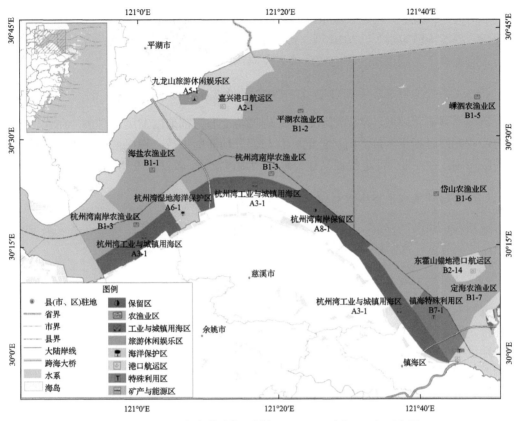

图 8-5 《浙江省海洋功能区划(2011—2020 年)》局部示意图

(一)《浙江省土地利用总体规划(2006—2020 年)》

在浙江全省划分的 12 个土地利用分区中,环杭州湾地区属于浙北平原区和中北平原低山区,明确了优化建设区、重点建设区、限制建设区和禁止建设区四类土地利用管制分区。其中,许多滨海的重点建设区是基于滩涂围垦土地发展起来的。

(二)《上海市金山区区域总体规划》

规划打造杭州湾沿线,充分利用沿海运输、自然、景观等资源,大力发展海洋产业的载体。滨海沿线除工业和港口功能外,主要强调旅游和休闲功能。该规划要求整治东段岸线,形成集娱乐、休闲、高档居住为一体的度假观景岸线,使区域的滨海具有更优越的景观开发价值,体现海洋产业经济人性化的一面。

金山三岛于 1993 年 6 月 5 日被上海市人民政府列为"上海市海洋生态自然保护区"。金山三岛的自然资源和风景资源众多,应对其采取保护策略,在不破坏自然生态环境的基础上轻度开发,突出其良好的自然条件。

开发的措施如下:基于金山三岛优越的自然环境,进行对保护现有的自然环境无影响和无破坏的开发,如建设生态园、植物园等;基于金山三岛神奇的自然景观,进行与自然环境、原始生态相关的科研项目开发;建设自然科学文化、海洋文化教育基地。

针对海岸线规划,重建设城市沙滩、景观山、水产品批发交易市场、国际游艇码头、商业街、旅游集散中心等。2010 年,初步建成集旅游观光、休闲娱乐、房产会务于一体的与上海南翼滨海城市相匹配的城市景观海岸线。

(三)《嘉兴市城市总体规划(2003—2020)(2017 年修订)》

通过加强嘉善副城、平湖副城、滨海副城与上海南部地区发展的对接,在优化提升现有产业的同时积极承接上海产业的转移与部分功能的扩散。积极推进产业南进战略,依托临海临江型产业,促进杭浦高速公路以南地区滨海、滨江产业带的迅速形成和壮大。

(四)《绍兴市城市总体规划(2011—2020)》

规划沿杭州湾产业带,将其定位为都市农业区、纺织产业和精细化工产业集聚区、机电产业集聚区、高新技术产业集聚区、商贸服务业和现代物流中心等。

(五)《宁波市城市总体规划(2006—2020)(2015 年修订)》

规划沿杭州湾基础产业带,即宁波市域北部余姚、慈溪、镇海、北仑沿杭州湾基础产业带。以宁波—舟山港为依托,大力发展化工、能源、钢铁、机械、船舶修造、造纸等临港型大工业和现代港口物流产业,慈溪杭州湾新区积极发展现代物流产业、大型装备制造业。

规划近海海岸带生态区,指宁波沿海海域,包括杭州湾;划分为海洋生物资源保护区、近岸海域开发利用区、港口功能区等。其主要功能是港口开发、渔业、旅游等海洋经济发展区。

杭州湾南岸海域主导功能是围海造地区。

海岸线规划重点是生产岸线和生态岸线。生产岸线主要是指用于港口码头及发展临港工业的岸线,有足够水深且其港池、航道和附近有锚地,水文地质条件适宜,适于兴建 1000t 级以上码头泊位或发展临港工业的岸线。生态岸线是指为保证宁波近海海域生态系统平衡,不用于生产、旅游、居住等开发建设用途而着重维持其原生状况或修复其原生状态的岸线。镇海区岸线主要规划为生产岸线和生态岸线。

(六)《海宁市域总体规划(2005—2020)》

海宁市在杭州湾以发展休闲旅游和生态农业为主,如南部滨江生态旅游带(指杭浦高速公路至钱塘江北岸之间的区域)。

(七)《海盐县域总体规划(2006—2020)》

海盐县沿杭州湾沿岸发展现代化滨海新城和杭州湾临港型新兴产业基地,滨海地区形成以滨海临港产业、先进制造业、滨海观光旅游业为主的产业集群,促进港城协调发展。

打造秦山、白塔岛景观节点,将白塔山岛群建设成为具有特色的海上生态旅游景区。

沿海岸线建设上,规划将其作为千吨级泊位发展区,由于滩地较宽,可围海造陆形成港区陆域和滨海加工工业所需的场地。该段围垦区继续发展临港产业，同时配套一定的生活功能用地。

(八)《平湖市域总体规划(2006—2020)》

平湖市在沿杭州湾沿岸用地上重点发展滨海副城和九龙山旅游度假区：对于滨海副城，未来以乍浦港区及独山港区为主体发展临港工业；九龙山旅游度假区是极具山海特色的旅游度假区，是平湖组合城市的重要功能区。

同时打造海洋板块，即市域南部的杭州湾，主要开发港口、海洋生物及海岛资源(王盘山群岛)，是平湖市发展海洋经济的前沿阵地，面积约1086km^2。

岸线利用规划显示：①金桥—益山段为独山港口岸线，规划建设大型公用和货物泊位，其中乍浦电厂段为工业岸线，全塘段镇区南侧有部分生活岸线；②益山—陈山段为自然生态岸线，主要位于九龙山旅游度假区；③陈山—郑家埭段为乍浦港口岸线，其中灯光山至天妃炮台约1km，为生活岸线。

(九)《岱山县县域总体规划(2007—2020)》

规划南北临港产业区、东西生态保护区。其中，七姊八妹列岛，东霍山及西霍山等无居民海岛以渔业资源开发为主，应严禁采石、爆破等破坏岛屿山体的活动。

(十)《嵊泗县域总体规划(2006—2020)》

嵊泗县为海岛县，主要岛屿发展策略确定了其为重点发展型海岛，此类海岛具有独特的风景和旅游资源，基础设施配套齐全，环境容量大，可采取多种模式的利用方式及较大的开发利用强度，适宜集中安排各类旅游服务设施，并可适当围垦以满足产业发展需求。

规划滩浒岛为重点发展型海岛，主导发展方向为特色海岛旅游开发；目前要完善岛上各类游憩设施，保育现有的自然景观和渔村风貌，未来以旅游开发为主。

(十一)《九龙山旅游度假区发展规划(2003—2020)》

将九龙山旅游度假区规划建设为国际知名的山海特色度假区，长三角地区重要的休闲旅游度假胜地，平湖城市综合性休闲功能区和滨海形象展示区。其中，规划外蒲山岛为九龙山展示文化旅游的重要场所。

第四节　海　岛　分　区

一、海岛分区的目的和依据

杭州湾海岛数量多，分布海域广，不同区域海岛的开发利用程度存在差异，未来发展的定位和要求也有所不同。划分岛群是将若干个地域空间毗邻、自然属性相近、基本功能趋同的海岛所形成的海岛群落作为一个整体进行考虑，结合区域社会经济发展对用岛、用海的需求，为优化海岛保护和利用布局做出的海岛空间划分。

海岛分区的目的在于揭示海岛、群岛或列岛的资源环境特征，准确定位重点海岛的保护目标，优化保护与利用的总体布局，并对海岛开发利用现状中不合理的方面进行调整和整治。

海岛分区依据以下三点原则：①海岛分布紧密，海岛及其周边海域自然属性、生态功能具有相似性；②满足海岛属地管理的实际需要；③体现海岛的集群组合效应。

二、海岛具体分区

依据海岛分区原则，综合考虑国家及地方发展的战略、区划和规划，立足海岛保护任务和保护目标，注重区内的统一性和区间的差异性，将杭州湾海岛划分为 7 个岛群以进行分类保护，如表 8-3 和图 8-6 所示。

(一)平湖外蒲山岛群(Ⅰ-01)

1. 基本概况

岛群位于杭州湾北岸，嘉兴乍浦港区至平湖九龙山沿岸海域，隶属嘉兴市平湖市；岛屿主要沿大陆岸线展布，地理坐标为 $30°34'53''\sim30°35'58''$N、$121°07'24''\sim121°08'34''$E。岛群内主要有无居民海岛 4 个(表 8-4)，陆域总面积约 17.4hm^2，滩涂面积约 25.7hm^2，海岸线总长约 3.6km；最大海岛为外蒲岛，面积约 7.4hm^2。岛群内 4 岛均已开展海岛农林业的利用，此外在外蒲岛上现建有佛教文化设施——普陀禅院和其他旅游设施，海岛旅游业有一定的发展。

2. 岛群特征

岛群距大陆较近，岛屿均具有一定面积，现有农林业和旅游业具有一定规模；临近九龙山国家森林公园，处于平湖市九龙山旅游度假区范围内，岛群内的外蒲岛上建有普陀禅院，历史悠久；岛屿植被覆盖度高，整体自然生态环境保持较好，海岛海蚀地貌发育。

表 8-3 杭州湾海岛岛群规划分类和主导功能一览表

序号	岛群名称	岛群编号	类型	主导功能
1	平湖外蒲山岛群	Ⅰ-01	适度利用型	在海岛景观保护基础上，积极发展滨海旅游、海岛农林业
2	海盐白塔山岛群	Ⅰ-02	适度利用型	在海岛景观保护基础上，积极发展滨海旅游、海岛农林业
3	平湖王盘山岛群	Ⅰ-03	适度利用型	在海岛景观保护和重要渔业品种保护基础上，积极发展海岛生态旅游和渔业养殖
4	嵊泗滩浒山岛群	Ⅰ-04	适度利用型	在海岛景观保护基础上，积极发展海岛风情旅游和渔业养殖
5	嵊泗大白山岛群	Ⅰ-05	一般保护型	保留为主，少量开发对环境影响较小的利用活动
6	岱山七姊八妹列岛岛群	Ⅰ-06	一般保护型	保留为主，少量开发对环境影响较小的利用活动
7	大小金山岛群	Ⅰ-07	严格保护适度利用型	保护现有的自然环境无影响和无破坏的开发适度发展旅游、生态、教育科研活动

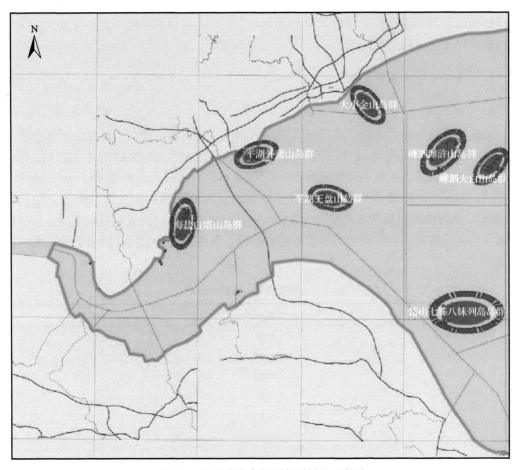

图 8-6 杭州湾海岛规划岛群划分示意图

表 8-4 平湖外蒲山岛群一览表

序号	岛屿名称	行政归属
1	外蒲岛	嘉兴市平湖市
2	小孟屿	嘉兴市平湖市
3	大孟屿	嘉兴市平湖市
4	菜荠屿	嘉兴市平湖市

注：表格中仅列明岛群中主要海岛

3. 岛群类型

适度利用型。

4. 发展导向

实行保护与利用并重的总体方针，依托九龙山国家森林公园，作为平湖市九龙山旅游度假区的功能延伸，以外蒲岛为核心，在实施海岛景观保护的基础上，积极发展海岛宗教文化旅游和休闲度假旅游；依托现有农林业开发基础，适度发展海岛农林业。岛群内岛屿功能宜以旅游类、农林牧类和保留类为主；为满足通航需要，允许设置少量工程类用岛或在岛上辅建助航设施。

(二)海盐白塔山岛群(I-02)

1. 基本概况

岛群位于杭州湾内北岸，嘉兴市海盐县澉浦镇、秦山镇近岸，隶属嘉兴市海盐县；岛屿主要沿白塔岛周边展布，地理坐标为 $30°21'56'' \sim 30°28'33''$N、$120°54'34'' \sim 120°58'11''$E。岛群内主要有无居民海岛 13 个(表 8-5)，陆域总面积约 46.5hm^2，滩涂面积约 11.4hm^2，海岸线总长约 9.4km，陆域面积最大的无居民海岛为白塔岛，面积约 15.5hm^2。岛群内的白塔岛、大巫子山岛、小巫子山岛 3 岛上开展了农林业利用，其中白塔岛还建有旅游设施，大巫子山岛上还建有航标、灯塔等工程设施；缟山礁建有港口码头设施。

表 8-5　海盐白塔山岛群一览表

序号	岛屿名称	行政归属
1	北礁	
2	竹筱岛	
3	外礁	
4	里礁	
5	马腰岛	
6	马腰东礁	
7	白塔岛	嘉兴市海盐县
9	毛灰礁	
9	门山礁	
10	缟山礁	
11	顾山礁	
12	大巫子山岛	
13	小巫子山岛	

注：表格中仅列明岛群中主要海岛

2. 岛群特征

岛群距大陆较近，岛屿均具有一定面积，岛上植被茂盛、众多海鸟栖息，整体自然生态环境保持较好；现有农林业和旅游业发展已具有一定规模；毗邻南北湖省级风景旅游区、秦山核电观光区及嘉兴海盐港区。

3. 岛群类型

适度利用型。

4. 发展导向

实行保护与利用并重的总体方针，在实施海岛景观保护的基础上，积极发展海岛生态休闲旅游和海岛农林业；考虑到嘉兴港的发展需求，可适度发展港口航运业，但应限制对环境影响较大的临港产业发展。岛群内岛屿功能宜以旅游类、农林牧类和保留类为主，为满足港口建设和通航需要，允许少量设置港口与工业类和工程类用岛，或在岛上辅建助航设施。

(三)平湖王盘山岛群(I-03)

1. 基本概况

岛群位于杭州湾中部，毗邻王盘洋海域，隶属嘉兴市平湖市；岛屿主要沿上盘屿、下盘屿等岛周边展布，地理坐标为 30°29′38″～30°30′36″N、121°18′04″～121°20′07″E。岛群内共有无居民海岛 11 个(表 8-6)，陆域总面积约 5.7hm²，滩涂面积约 0.4hm²，海岸线总长约 2.7km，陆域面积最大的无居民海岛为下盘屿，面积约 3.2hm²。现岛群内的下盘屿开展了渔农业利用，建有航标、灯塔等工程设施。

表 8-6 平湖王盘山岛群一览表

序号	岛屿名称	行政归属
1	上盘屿	
2	东劈开屿	
3	北无草屿	嘉兴市平湖市
4	堆草屿	
5	下盘屿	
6	西劈开屿	

注：表格中仅列明岛群中主要海岛

2. 岛群特征

岛群距大陆、大岛较远，交通不便；岛屿面积较小，植被覆盖度不高，淡水资源匮乏；所在海域是杭州湾重要渔业品种保护区、我国鳗苗重要洄游通道，以及大闸蟹苗、青蟹苗的养殖区域；经考古发现，新石器时代已有人类在该岛群活动，唐代鉴真和尚东渡日本几渡未成，曾在此落脚，具有一定的科研价值。

3. 岛群类型

适度利用型。

4. 发展导向

实行保护与利用并重的总体方针，在实施海岛景观保护和重要渔业资源保护的基础上，积极发展海岛生态旅游和渔业养殖等功能。岛群内岛屿功能宜以旅游类、渔业类和保留类为主，可设重要渔业品种保护类，为满足通航需要，允许少量设置工程类用岛或在岛上辅建助航设施。

(四)嵊泗滩浒山岛群(I-04)

1. 基本概况

岛群位于杭州湾口东北部,毗邻王盘洋,隶属舟山市嵊泗县;岛屿主要沿滩浒山岛周边展布,地理坐标为 30°34′22″~30°37′17″N、121°33′52″~121°38′02″E。岛群内共有无居民海岛 14 个(表 8-7),陆域总面积约 76.50hm²,滩涂面积约 13.3hm²,海岸线总长约 11.7km,陆域面积最大的有居民海岛为滩浒山岛,面积约 54.1hm²。

表 8-7 嵊泗滩浒山岛群一览表

序号	岛屿名称	行政归属
1	阿马山屿	
2	峙小山屿	
3	烂灰塘礁	
4	烂灰塘屿	
5	黑山屿	
6	贴饼小礁	
7	贴饼山屿	
8	竹排礁	舟山市嵊泗县
9	狼牙嘴屿	
10	磨石头屿	
11	滩浒鸡娘礁	
12	野黄盘岛	
13	南野黄盘岛	
14	滩浒山岛	

2. 岛群特征

岛群距大陆、大岛较远,交通不便;岛屿面积较小,植被覆盖度不高,淡水资源匮乏;水环境较好,温差小,风力较大,渔业资源较为丰富。

3. 岛群类型

适度利用型。

4. 发展导向

实行保护与利用并重的总体方针。以滩浒山岛为重点,在实施海岛景观保护和重要渔业资源保护的基础上,积极发展海岛生态旅游和渔业养殖等功能;岛群内其他为一般保留用岛。

(五)嵊泗大白山岛群(I-05)

1. 基本概况

岛群位于杭州湾口东北部，毗邻王盘洋，隶属舟山市嵊泗县；岛屿主要沿大白山岛周边展布，地理坐标为 30°33′10″～30°35′23″N、121°41′43″～121°44′29″E。岛群内共有无居民海岛 14 个(表 8-8)，陆域总面积约 63.33hm^2，滩涂面积约 10hm^2，海岸线总长约9.6km，陆域面积最大的无居民海岛为大白山岛，面积约 31.0hm^2。现状岛群内的大白山岛上建有航标、灯塔等工程设施。

表 8-8　嵊泗大白山岛群一览表

序号	岛屿名称	行政归属
1	鱼嘴屿	
2	外节礁	
3	中节屿	
4	里节屿	
5	小白山岛	
6	对口山屿	
7	大白山岛	
8	大白畚斗山岛	舟山市嵊泗县
9	钮子山屿	
10	钮子山北屿	
11	脚骨屿	
12	脚板屿	
13	鱼头屿	
14	鱼尾礁	

2. 岛群特征

岛群距大陆、大岛较远，交通不便；岛屿面积较小，植被覆盖度不高，淡水资源匮乏；水环境较好，温差小，风力较大，渔业资源较为丰富。

3. 岛群类型

一般保护型。

4. 发展导向

近期暂不具备开发的条件，发展前景不明，作为预留空间进行整体保留。规划将维持海岛及周边海域的自然状态，以及现有的利用活动；在不影响区域生态环境稳定性的条件下，允许开展少量对环境影响较小的利用活动。岛群内岛屿宜以保留类用岛为主，可少量设置农林牧类、渔业类、工程类用岛。

（六）岱山七姊八妹列岛岛群(I-06)

1. 基本概况

岛群位于杭州湾口南部的七姊八妹列岛，毗邻灰鳖洋海域，隶属舟山市岱山县；岛屿主要沿西霍山岛周边展布，地理坐标为 30°14′49″～30°17′15″N、122°34′57″～122°43′05″E。岛群内主要有无居民海岛 13 个（表 8-9），陆域总面积约 61.2hm^2，滩涂面积约 9.5hm^2，海岸线总长约 10.9km，其中陆域面积最大的无居民海岛为东霍山岛，面积约 18.1hm^2。现均未利用。

表 8-9　岱山七姊八妹列岛岛群一览表

序号	岛屿名称	行政归属
1	四平头屿	
2	长横山屿	
3	大妹山岛	
4	渔山青屿	
5	东霍黄礁	
6	渔山笔架北屿	
7	渔山笔架南屿	舟山市岱山县
8	西霍山岛	
9	小西霍山屿	
10	东坛礁	
11	小长坛山屿	
12	东霍山岛	
13	大长坛山岛	

注：表格中仅列明岛群中主要海岛

2. 岛群特征

岛群距大陆、大岛较远，交通不便；岛屿面积较小，植被覆盖度不高，淡水资源匮乏；水环境较好，温差小，风力较大，渔业资源较为丰富。

3. 岛群类型

一般保护型。

4. 发展导向

近期暂不具备开发的条件，发展前景不明，作为预留空间进行整体保留。规划将维持海岛及周边海域的自然状态，及现有的利用活动；在不影响区域生态环境稳定性的条件下，允许开展少量对环境影响较小的利用活动。岛群内岛屿宜以保留类用岛为主，远期规划建设海洋特别保护区。

(七)大小金山岛群(I-07)

1. 基本概况

岛群位于杭州湾口北岸,靠近平湖九龙山沿岸海域,隶属上海市金山区;岛屿主要沿大陆岸线展布,地理坐标为 30°07′06″～30°06′23″N、121°04′03″～121°04′25″E。岛群内共有无居民海岛 4 个(表 8-10),陆域总面积约 29.94hm²,海岸线总长约 4.9km,陆域面积最大的无居民海岛为大金山岛,面积约 22.9hm²,为上海市自然保护区,以保护原生植被为主。

表 8-10　上海金山岛群一览表

序号	岛屿名称	行政归属
1	小金山岛	
2	大金山岛	上海市金山区
3	浮山岛	
4	浮山岛-01	

2. 岛群特征

岛群距大陆较近,岛屿均具有一定面积,岛屿植被覆盖度高,整体自然生态环境保持较好,海岛海蚀地貌发育。

3. 岛群类型

严格保护核心海岛大金山岛,适度利用缓冲区海岛。

4. 发展导向

实行保护与利用并重的总体方针,在实施海岛景观保护的基础上,积极发展海岛生态休闲旅游和海岛农林业;岛群内岛屿功能宜以旅游类和保留类为主。

第五节　海岛分类及其相应保护

一、海岛资源评价

(一)评价方法

对杭州湾诸岛屿的保护规划既要考虑其所处的区域大背景,又要考虑其内部各海岛的属性及相互关系。

如果海岛要进行适当的开发,其开发程度主要受海岛自身条件及外部因素的影响,其自身条件主要包括海岛面积、位置、地貌、土地、植被及生物等,外部因素主要体现在人为影响,而海岛的开发利用程度往往随着远离人类活动区而降低。因此海岛规划应可考虑选取岛屿面积、交通(建港)条件、距离、旅游资源、淡水资源、其他资源等情况进行综合评估。

根据不同条件的重要程度,拟定以下公式进行计算:

$$P = 0.25\frac{A}{A_{\max}} + 0.15T + 0.15D + 0.2L + 0.1W + 0.15O \tag{8-1}$$

式中，P 代表相对总资源价值；A 代表岛屿面积，$A_{\max}$ 代表最大海岛面积；T 代表交通(建港)条件，分为适宜建港、可以建港及难以建港三类，分别赋值 1、0.5 和 0；D 代表岛屿到最近的有居民居住的陆域的距离，分为近岸、远岸两类，分别赋值 1 和 0.5；L 代表旅游资源的风景宜人程度，主要考虑周围海水清澈度、有无沙滩及岛上风景三类因素，赋值 0~1；W 代表淡水资源，主要区分径流及水井两力，赋值 0~1；O 代表其他资源，如林业、渔业、畜牧业及生物资源等，赋值 0~1。

（二）评价结果

通过对各调查岛屿不同属性因素赋值计算得出各海岛相对总资源价值，其中排名前 10 位的海岛包括滩浒山岛、白塔岛、大金山岛、外蒲岛等(表 8-11)。这些岛屿的资源特征如下。

表 8-11　杭州湾重要岛屿资源价值排行表

排名	海岛名称	岛屿面积权重 $A/A_{\max}$	交通条件 (T)	距离 (D)	旅游资源 (L)	淡水资源 (W)	其他资源 (O)	相对总资源价值 (P)
1	滩浒山岛	1.00	1.0	0.5	1.0	0.8	0.8	0.88
2	白塔岛	0.26	1.0	1.0	0.8	1.0	1.0	0.78
3	大金山岛	0.42	1.0	1.0	0.8	1.0	0.5	0.74
4	外蒲岛	0.14	0.5	1.0	1.0	0.8	0.8	0.66
5	马腰岛	0.17	0.5	1.0	0.6	0.5	1.0	0.59
6	东霍山岛	0.38	1.0	0.5	0.5	0.5	0.5	0.55
7	西霍山岛	0.34	1.0	0.5	0.5	0.5	0.5	0.54
8	大白山岛	0.64	0.5	0.5	0.3	0.5	0.5	0.50
9	大白笔斗山岛	0.17	0.5	0.5	0.5	0.5	0.5	0.38
10	小白山岛	0.15	0.5	0.5	0.3	0.5	0.5	0.37

（1）排序前 5 位的岛屿：有较大的岛屿面积，属于近岸海岛，与大陆的距离较近，交通方便，本身拥有建港条件，淡水资源良好旅游资源较丰富，综合发展条件较好。

（2）排序 6~10 位的岛屿：有较大的岛屿面积，但是属于远岸附属岛，离大陆较远但附近有较大的有居民海岛岛屿；本身拥有建港条件，但是交通不方便；淡水资源良好，生态资源比较完整，目前一般为开展种植、畜禽放养等农牧业开发活动为主，由于这些岛屿开发投资巨大，因此现阶段以一般保留为主。

大金山岛为上海市自然保护区内以保护原生植被为主的特殊用岛，以保护为主，适当发展科研教育研究。

二、海岛的分类与保护

《海岛保护法》和《全国海岛保护规划》对海岛的分类保护有明确的规定，根据海岛的区位资源、生态环境，统筹海岛自然、经济、生态，将海岛分为有居民海岛和无居民海岛两个一级类进行分类保护(图 8-7)。有居民海岛的保护侧重于生态系统的保护和特殊用途区域的保护，不再细分二级类海岛；无居民海岛进一步细分为严格保护、一般保护和适度利用 3 种二级保护类型。

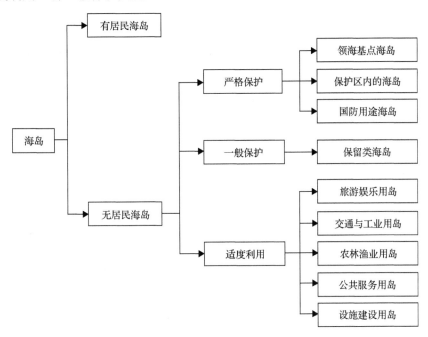

图 8-7　海岛分类图

(一)有居民海岛保护

杭州湾内有居民海岛仅有滩浒山岛 1 座。

1. 强化有居民海岛生态保护

保护海岛特殊生态系统、生物物种、沙滩、植被、淡水、自然景观和历史遗迹等，维护海岛及其周边海域生态平衡；实施海岛生态修复工程，建立海岛生态保护评价体系，严格执行海岛保护规划；适度控制海岛居民人口规模，广泛宣传和普及海岛生态保护知识，鼓励和引导公众参与生态保护。

在海岛及其周边海域划定禁止开发区域和限制开发区域；实施环境容量评价制度，根据海岛水资源承载能力和环境容量合理控制海岛开发建设规模；实施污染物排放总量控制制度，制定和实施主要污染物排放、建设用地、防治水土流失和用水总量控制指标。严格限制高污染、高耗能、国家限制的开发项目；严格限制在海岛沙滩建造建筑物和设施；严格限制在海岛沙滩采挖海砂；严格限制单位和个人改变海岛海岸线和建设填海连岛工程；坚持先规划后建设、生态保护设施优先建设或者与工程项目同步建设的原则。

2. 改善有居民海岛人居环境

通过对海岛资源环境的整体保护，调整海岛产业结构，优化开发利用方式，改善人居环境。

鼓励海岛淡水储存、海水淡化和岛外淡水引入工程设施的建设；实施防灾减灾工程，抵御台风、风暴潮和地质灾害等自然灾害侵袭；优先采用风能、太阳能、海洋能等可再生能源和雨水集蓄、海水淡化、污水再生利用等技术。

(二)无居民海岛分类及保护

杭州湾海域 85 个无居民海岛，规划严格保护岛 1 个、一般保护海岛 67 个、适度利用海岛 17 个(表 8-12)。

表 8-12　杭州湾无居民海岛保护与利用分类表

主导用途		海岛名称	数量(个)
严格保护		大金山岛	1
一般保护		其余岛屿	67
适度利用	旅游娱乐用岛	塔山岛，外蒲岛，马腰岛，白塔岛，竹筱岛，小巫子山岛，大巫子山岛	7
	农林渔业用岛	大白山岛，小白山岛，西霍山岛，东霍山岛	4
	公共服务用岛	小金山岛，浮山岛，浮山岛-01	3
	设施建设用岛	大孟屿，小孟屿，菜荠屿	3
总计			85

无居民海岛分类保护和适度利用的具体措施主要包括以下几个方面：一是明确无居民海岛主导用途的定义、保护方式、主导功能和兼容功能；二是主要从保护海岛生态、明确海岛开发利用设计理念、控制海岛建筑物、改善海岛环境等方面提出海岛分类保护的具体措施。

1. 严格保护类—保护区内的海岛

杭州湾内有 1 座严格保护类海岛，即大金山岛，位于上海市金山三岛海洋生态自然保护区的核心范围，重点保护原生植被。实施严格保护，兼顾不影响保护的建设和管理活动。

1)开展海岛执法监察、巡查

加强对海洋自然保护区内海岛的执法监察、巡航巡视等执法队伍的建设，建立健全海岛保护区管理机构，开展海岛执法巡查，杜绝改变海洋自然保护区内海岛海岸线的行为。

2)加强海岛保护宣传教育

建立海洋自然保护区海岛宣传教育基地，加强海洋自然保护区内海岛的科学研究，选划和确定科学研究及考察的线路与通道，积极开展海洋生态、资源和区域性洄游、迁徙物种保护的宣传交流及国际、区域合作。

2. 一般保护类—保留类海岛

此类岛群以保留为主，暂不进行大规模利用，注重维持现有海岛自然状态和进行海岛景观保护；可允许开展少量对环境影响较小的利用活动。

加强巡航执法检查，防止海岛自然资源遭到破坏，防止人为采石、挖海砂、采伐林木等对海岛岛体及周边海洋环境的破坏；积极开展保留类海岛及周边海域资源、环境和生态状况等调查，研究确定海岛保护措施和利用途径。

3. 适度利用类海岛

此类岛群的发展，对其内部的无居民海岛及其周边海域的影响相对较小，总体上应维持多数海岛的自然属性不变，并执行保护与利用并重的环境政策。

1) 旅游娱乐用岛

塔山岛、外蒲岛、马腰岛、白塔岛、竹筱岛、小巫子山岛、大巫子山岛等海岛区位条件优越、岸线资源优良、海洋生态环境良好、陆域腹地纵深，最适宜发展海洋渔业、海洋旅游、港口仓储和港口加工业。旅游开发往往利用各种产业嫁接而产生出渔业休闲、海滨度假等综合性旅游产品，形成立体开发模式。例如，白塔岛、马腰岛、竹筱岛目前已开展种植业，可在当前开发的基础上进行产业优化，使得资源合理化利用，防止破坏性开发，最终形成持续稳定的规模化种植业，使种植业和旅游业达到双赢。外蒲岛已是当地九龙山风景区的一部分，本身具有历史悠久的佛教文化，因此亦发展为旅游用岛。

对该类海岛实施适度保护与利用，主导功能为旅游，兼顾不影响旅游目的的其他开发利用活动。

加强生态保护。加强旅游娱乐用岛的自然海岸、濒危珍稀物种栖息地、生物多样性区域、生态敏感区、自然遗迹区、原生及次生植被林地、淡水水源和自然水系等的保护。在上述区域禁止建造建筑物、构筑物。

注重设计理念。坚持规划先行，科学评价海岛资源环境承载力，合理确定旅游容量，避免造成对无居民海岛旅游资源的破坏，设定生态敏感区，严格控制游客数量；充分考虑单个海岛的整体性及其与周边海岛的关联性，注重自然景观与人文景观相协调、各景区景观与整体景观相协调的设计理念，建筑风格应当与海岛自然景观协调，形成一岛一型、多岛互补的开发利用格局。

鼓励采用节能环保的技术和材料。建设和操作中，采用适当的、实用的、成本低、效率高又没有不良影响的新技术。

严格执行建筑物建设控制线管理。为保持海岛特色，确保旅游设施建设与自然景观相协调，对海岛利用范围内的宾馆、餐馆、购物和娱乐等旅游服务设施的建设，从建筑高度、海岸建筑后退距离、建筑风格及色彩等方面进行控制。

建筑物最大建筑高度原则上不应超过利用海岛最大高程的2/3，建筑物与最大高潮线之间距离应大于50m；建筑风格要富有现代地方特色，色彩宜清新淡雅，避免过于浓重，应与海岛景观协调。

建设用岛区域建筑密度不得超过20%；建设用岛区域内地表改变率不超过50%。

强化环境保护。强化环境保护和污染防治，科学评估海岛的环境容量和海岛周边海域自净能力，加强垃圾处理设施建设，实施无害化垃圾处理，加强污水处理能力建设，实施污水统一处理。

针对海岛旅游开发利用范围内生态质量的下降和景观资源问题，加强对海岛地形地貌的保护、提高绿地覆盖率、改进植物的种植方式。

2) 农林渔业用岛

大白山岛、小白山岛、西霍山岛、东霍山岛属于农林渔业用岛，这类海岛岛屿面积大、海洋生态环境良好、陆域腹地纵深，但是离岸太远，进出交通不便，因此对该类海岛最好依托现状发展农林渔业功能。

对该类海岛实施适度保护与利用，主导功能为农林渔业，兼顾旅游、公共服务等辅助功能。

充分发挥区位条件和农林业资源的优势，合理规划农林渔业开发利用规模，加强对农林业规模总量、发展方向和开发领域等方面的宏观调控管理，倡导生态种养殖技术，采用节水技术，促进水源涵养，加强保护原生林、次生林，鼓励发展休闲渔业、观光农业，加强海岛生态公益林、水源涵养林及海岸防护林体系建设，提高林地生态服务功能，在适宜地段适当发展用材林和经济林。

加强海岛农林业配套基础设施的建设，提高农林业区内现有的生产力。渔业用途的海岛上应尽量减少大体量的建筑物、构筑物，以节约和集约用岛为原则，最大用岛面积不超过利用海岛总面积的1/2，最大建筑高度原则上不超过利用海岛最大高程的1/3，渔业设施的建设不得影响和破坏海岛生态。

维护海岛生态平衡，严格保护海岛的沙滩、植被、防护林、淡水资源和珍稀野生动植物资源，建设海岛垃圾处理设施，集中处理生产、生活垃圾，严格保护海岛周边海域的海洋生物洄游通道、索饵场、产卵场、水产种质区，科学论证外来物种的引入，防止生态灾害。

科学评估海岛种养殖业环境承载力，加强海岛及周边海域环境动态监测和综合整治。

3) 公共服务用岛

小金山岛、浮山岛、浮山岛-01属于上海大小金山岛群，位于金山三岛海洋生态保护区的缓冲区，属于公共服务用岛。区位条件优越、海洋生态环境良好，可以依托邻近大金山岛的资源特色，对该类海岛最好发展公共服务。支持利用海岛开展科研、教学、防灾减灾、测绘、观测等具有公共服务性质的活动；加强公共服务海岛的规划，合理设置海岛助航导航灯塔或灯柱、气象观测站、水文观测站、测速场等公共服务设施。

该类海岛列为适度保护与利用类，主导功能为公共服务，可适度兼容旅游娱乐、农林渔业功能。

支持利用海岛开展科研、教学、防灾减灾、测绘、观测等具有公共服务性质的活动；加强公共服务海岛的规划，合理设置海岛助航导航灯塔或灯柱、气象观测站、水文观测站、测速场等公共服务设施；重点扶持海岛生态修复和海岛防灾减灾等公共基础设施及公共服务领域的研究开发和重大工程项目。可在保护区的缓冲区，选择与保护对象、海岛自然生态特点相适应的主题，适度开展主题生态旅游，依托海洋自然保护区，建设海岛生态示范区；同时，必须控制自然保护区内海岛旅游人数。

建筑物或设施与周围植被和景观协调；按照规划及海岛建筑物布局控制规范限制建筑物、设施的建设总量、高度及海岸线的距离。加强海岛公共服务设施的保护。禁止损毁或者擅自移动设置在无居民海岛上的公共服务设施，避免妨碍其正常使用。

4）设施建设用岛

大孟屿、小孟屿及菜荠屿属于设施建设用岛，这类海岛岛屿面积较大，海洋生态环境良好、离岸太近，进出交通方便，同时可以依托附近的资源特色大岛，因此对该类海岛最好建设除交通设施以外的用于生产生活的基础配套设施，包括填海连岛、人工水域等，兼顾旅游、公共服务。

对该类海岛实施适度保护与利用，主导功能为基础设施建设，兼顾旅游、公共服务等辅助功能。

坚持规划先行，编制海岛建设总体规划和控制性详细规划，综合平衡和控制区域开发强度，合理控制海岛基础设施建设规模，加强海岛公路、供水、供电等基础设施建设。

严格保护海岛沙滩等自然岸线、濒危珍稀物种栖息地、生物多样性区域、生态敏感区、自然遗迹区、原生及次生植被林地、淡水和自然水系等。

坚持"生态健康、环境友好"的建设理念，海岛建筑物的设计、色彩、材料及建筑风格与海岛自然景观相协调，建筑物占地面积不超过海岛面积的20%，鼓励采用节能环保的材料，严格执行建筑物设计建设控制线。

强化环境保护和污染综合防治，科学评估海岛的环境容量和海岛周边海域自净能力，加强垃圾处理设施建设，实施无害化垃圾处理，加强污水处理能力建设，实施污水统一处理。

加强海岛防灾减灾设施建设，加强防灾减灾应急预案的制定，修筑海岸保护设施、避难场所。

第六节　重点工程

一、海岛资源和生态调查评估

由于受陆地径流、海洋环境、气候环境及人类活动等多种因素的共同影响，海岛环境演变非常复杂。当前杭州湾海岛面临诸多生态、环境问题，如部分海岛资源过度开发、海岛生态环境破坏等，这些问题威胁着区域发展。在当前形势下，杭州湾海岛资源要开发，环境要保护，生态要修复，灾害要防御，管理要加强，迫切需要加强海岛的自然资源和生态调查评估研究与能力建设，为海岛保护与利用决策提供服务，保障海岛经济、社会与生态环境的可持续健康发展，实现人与自然和谐相处。

（一）工作目标

调查海岛自然资源和生态状况，为海岛保护、开发、建设和管理提供基础数据、科学依据。

（二）工作任务

1. 海岛资源与生态调查评估

加强海岛地质、生态、环境等资源调查评估及研究工作，开展"无居民海岛使用基本情况普查"和"重点区域海岛调查与评估"等专项调查工作,掌握杭州湾海岛资源家底及状况,查清影响海岛资源变化的地质背景和作用过程,揭示人为活动及自然作用对这一过程的影响,加深对海岛资源状况与生态环境地质作用的认识,为海岛开发利用决策提供依据,为海岛生态环境的保护和恢复服务。

2. 海岛资源与生态调查评估试点

基于已有的调查评估标准、规范,开展海岛资源与生态调查评估试点工作,获取重点工程及专项工作需要的数据和资料;定期发布海岛统计公报。自然资源调查评估内容见表 8-13,生态调查评估的内容见表 8-14。

表 8-13 海岛自然资源调查评估内容

序号	调查评估类型	主要内容
1	海岛与土地资源	海岛资源的类型、面积、分布及开发利用状况,海岛岸线资源的类型、长度、分布及开发利用状况;滩涂资源的类型分布与开发利用状况;岸滩地貌类型、分布特征及冲淤动态变化
2	水资源	淡水资源的类型、储藏量及开发利用状况等
3	港口航运资源	港口资源的类型、数量、分布及开发利用状况;航道资源的类型、数量、分布及开发利用状况;锚地资源的类型、数量、分布及开发利用状况
4	矿产资源	石油、煤等资源的蕴藏量及开发利用状况;海砂资源和其他矿产资源的蕴藏量及开发利用状况
5	可再生能源	潮汐能、潮流能、波浪能、温差能、海洋风能蕴藏量及开发利用状况
6	植被资源	植被的类型、面积及分布
7	渔业资源	渔业资源的分布特征及开发利用状况
8	海水资源	可利用海水资源的分布特征、海水淡化的现状等
9	旅游资源	旅游资源的类型与分布、开发利用状况等
10	湿地资源	湿地资源的类型与分布、开发利用状况等

表 8-14 海岛生态调查评估内容

序号	类型	主要内容
1	土壤	土壤中无机物和有机物的含量及其变化
2	生物多样性	陆地及海域中所有动、植物的种类、分布及其变化
3	海水	海水中有机物和无机物的含量及其变化
4	植被	植被的类型、面积及分布
5	海底底质	海底底质中有机物和无机物的含量及其变化

3. 主要调查方式和工作内容

对有居民海岛和无居民海岛的资源、环境及使用状况进行全面的调查与评估。陆地部分的调查方式以遥感调查和收集历史资料为主,以现场补充调查为辅。对特殊用途海岛应协调有关部门对海岛的资源、环境及使用状况进行全面的调查与评估,调查内容根据特殊用途海岛的实际,从表 8-13 和表 8-14 中合理选择调查内容。

在调查基础上,分析时空尺度下导致自然资源和生态环境变化的驱动力,确定自然资源和生态价值分析方法及评估途径(表 8-15),形成有效的海岛自然资源和生态调查评估体系,从而深入了解在全球变化和人类活动影响下海岛资源和生态的演变特征,评估海岛资源与生态可持续利用潜力,探讨自然资源可持续利用的对策,为海岛的生态保护及修复工程提供基础数据和技术支撑。

表 8-15　自然资源和生态价值分析方法及主要任务

主要任务	评估途径	目的	目标
①划分自然资源和生态环境的类型; ②确定人类社会与自然资源及生态环境之间的关系; ③确定直接和间接的驱动力; ④选择指标	效用价值 生态价值 社会文化价值 内在价值	①评估自然资源和生态环境状况及其变化趋势; ②评估海岛资源与生态可持续利用潜力	形成对策

4. 海岛环境容量评估

根据海岛实际,确定海岛环境容量评估的内容及方法(表 8-16)。以有居民海岛和无居民海岛的资源及生态调查评估数据为基础,结合社会经济数据,确定杭州湾需要开展环境容量评估的海岛,根据相应的评估方法对有居民海岛和无居民海岛进行环境容量评估,为海岛的开发、保护和管理提供依据。

表 8-16　海岛环境容量评估工程的内容

海岛类型	评估内容					
有居民海岛	土地环境容量	人口环境容量	污染物环境容量	海洋环境容量	旅游环境容量	……
无居民海岛	污染物环境容量	海洋环境容量	旅游环境容量	……		
特殊用途海岛	污染物环境容量	海洋环境容量	……			

二、推进海洋保护区建设

对具有特殊地理条件和自然景观、生态系统敏感脆弱,具有重要生态服务功能和特定开发潜力,自然资源富集且具有特定保护价值的自然、历史、文化遗迹分布等特点的海岛及其周边海域,可以建立海洋特别保护区。由浙江省人民政府或者沿海县级以上地方人民政府有关部门依法申请设立海洋自然保护区或者海洋特别保护区。

规划建设王盘山岛群和七姊八妹列岛两处海洋特别保护区。

王盘山附近已由浙江省人民政府辟为水产种质资源保护区,为保护鳗苗重要洄游通道及海蜇主要生长繁育区域,划定面积 2022hm²,占用海岛岸线 1.549km。可结合王盘山岛群的自然风貌、岛类生态、文化遗存,与周边海域一起打造海洋特别保护区。

七姊八妹列岛各岛屿高低错落、大小不一、形态各异,既有地势和缓、植被覆盖良好的较大岛屿,又有岩石裸露、陡峭险峻的小岛,也有值得回味的人文和军事遗迹,风光秀丽,距大陆海岸线较近,适合以海洋公园的形式建设海洋特别保护区。

建立保护区内海岛的登记制度,登记海岛保护对象的数量、分布、保护现状、海岛资源及生态状况、开发利用情况等基本信息,建立保护区内海岛的基础信息档案和管理档案。

禁止开发利用保护区核心区内的海岛,严格控制开发利用保护区内的其他海岛。

三、海岛生态系统管理

生态系统管理理念于 20 世纪 90 年代在全球兴起，是面向生态保护的管理体系，其核心是社会—经济—生态的复合系统，主要体现在保护和开发两方面。就保护而言，应充分保护现有各种资源，开发不能超越其利用阈值；就开发而言，应进行分类利用，搞好海岛区域规划，注重合理开发，营造良性生态循环推进海岛全面可持续发展。

(一)加强海岛开发的法制建设

根据海岛的生态环境问题所需采取的保护措施不同，可以将海岛的环保问题划分为不同的保护级别进行立法。依据《海岛保护法》，应该对海岛的经济系统、社会系统及自然系统协调管理，通过行政部门和科研部门，加强对海岛资源审慎的管理和科学的保护，以达到持续发展的目的。

(二)实施海岛生态环境影响评价制度

在我国海岛开发的历史和现状中，边开发边污染的现象普遍存在。《海岛保护法》明确规定，有居民海岛的开发、建设应当对海岛土地资源、水资源及能源状况进行调查评估，依法进行生态环境影响评价，并指出海岛的开发、建设不得超出海岛的环境容量；新建、改建、扩建建设项目必须符合海岛主要污染物排放、建设用地和用水总量控制指标的要求；确需填海、围海改变海岛海岸线或者填海连岛的，项目申请人应当提交项目论证报告、经批准的生态环境影响评价报告等文件，依照《海域使用管理法》的规定报经批准。因此，建立海岛生态环境影响评价制度刻不容缓，这项制度将有效保护海岛生态系统。

(三)实施海岛生态恢复计划

建立自然保护区和生态功能区对轻度受损的生态系统比较有效，对于中度和重度受损的生态系统的恢复必须进行人类的适度干预。所以采用人工方法恢复和重建植被与湿地是海岛生态恢复的重要措施。对破坏严重的典型海岛开展"海岛生境恢复"计划，旨在利用生物技术和工程技术，建立人工群落和植被系统，修复遭到严重破坏的海岛生态系统。例如，利用"梯状湿地"技术在浅海区域修建缓坡状湿地，可以减弱海浪冲击以促使泥沙沉积和保护海滩，同时也可以为海洋生物提供栖息地。

四、海岛生态系统修复

海岛与陆地相比环境独特、生态条件严酷、植被种类贫乏、优势种相对明显、生态脆弱，极易受到破坏且破坏后很难恢复。我国海岛开发时人为破坏及全球气候异常带来的自然灾害，加速了对海岛生态环境的破坏，一些海岛生态失衡严重。因此，本次规划对可能遭到破坏的海岛实施生态修复，恢复海岛及其周边海域生态环境。

(一)海岛陆域生态修复

岛陆生态修复应重在岛陆的海岸地貌、植被的受损修复。确定修复区域，制定修复方案，其中植物的修复可采用自然修复、人工修复的方法。采取工程措施和生态修复措施，选择适合当地气候、土质的树种进行种植恢复，同时需要种后养护，并且预防有害外来物种的入侵。最佳方式是建立自然保护区，强化有效保护。

(二)海岛沙滩生态修复

修复受损的海岛沙滩，应对海岛沙滩邻近海域的开发利用现状与自然环境进行调查，确定沙滩修复区域，制定沙滩修复方案。通过调查需要恢复沙滩的受损原因、调查沙滩上物种的生物周期，采取相应的工程措施，修复受损的海岛沙滩。沙滩修复与其环境一样比较复杂，所需的工程量大，所耗的资金也较多。

第七节　规划实施措施

一、加强宣传，增强海洋意识

抓住《海岛保护法》颁布契机，加大宣传力度，普及海岛科学知识，从战略高度提高公众对无居民岛开发利用与保护的认识，充分挖掘海岛资源的开发潜力，不断提高海岛的国土资源意识和海洋经济意识。

二、纳入海洋空间资源统一规划

组织相关专业人员对适宜进行开发利用的无居民海岛，特别是近期拟进行开发利用的无居民海岛进行广泛调查，做好开发前期的基础性工作，包括海岛地理位置坐标、自然生态环境、海岛周边海洋水文地质、气象条件、经济开发价值评估等内容。

立足当地丰富的海洋资源优势和区位优势，密切跟踪《海岛保护法》的实施进程，依据省、市相关法规和规划，按自然属性、战略地位、功能定位等标准和条件，制定能够统筹陆海全局、有力推进海岛开发、保护和管理的长远规划，统筹安排海岛发展的各项工作，将无居民海岛的开发利用融入当地蓝色经济发展和海洋间资源统一规划的大格局。

三、制定相关优惠政策，创造良好的开发环境

因岛制宜，突出海岛港口与临港工业开发、旅游观光、海洋渔业等重点行业、重点产业，在"开发中保护海岛，在保护中合理利用"，做到经济、生态、环境三效益有机结合，努力把海岛资源优势转化为招商引资的优良载体和良好平台。制定和出台一系列无居民海岛开发利用各项优惠政策，提供优质服务，创造良好的投资环境，使无居民海岛的开发利用更具有吸引力。允许多种经济成分采取承包、租赁、独资、合资、合作等多种形式开发利用无居民海岛；允许在符合规划的前提下，自主开发、自主经营；允许在合同期内依法转让、转包和继承；提供优质服务，保护开发者的合法权益。

四、建立开发保护专项基金，解决开发和保护管理的成本

为做好无居民海岛的开发与保护管理工作，必须妥善解决行政管理成本和前期启动资金，如人员、执法船只、通信网络建设、测绘、评估等。只有建立无居民海岛利用与保护专项基金，才能较好地保证开发、保护工作滚动进行。基金来源：一是通过无居民海岛(主要是无名岛、礁)冠名权的出让筹措一部分；二是在开发初期的一两年内，各级财政拨付专项资金；三是随着海岛批租、开发，在无居民海岛资源出让金中划出一部分资金。该项基金专项用于支付管理成本和前期费用，扶持无居民海岛开发基础设施配套建设、生态保护及无居民海岛收购等。

五、加强领导，理顺体制，建立统一的管理机构和审批制度

海岛的开发利用和保护，是一项复杂的系统工程，具有政策性强、牵涉面广等特点，必须统筹兼顾，改变分头管理、都管或都不管的管理现状，强化规范无居民海岛的开发利用管理职能。

抓紧制定出台相关的规定条例，明确综合协调机构、统一管理机构和开发机构 3 个层次，赋予相应的职能、职权和权限，各司其职。建立权威、高效的协调机制，明确协调管理职能、管理机构、管理权限和项目审批程序、配套政策等，使海岛开发利用和管理保护工作有法可依、有章可循。坚持保护为主、适度开发、整治与管理同步，规范海岛开发管理保护行为，真正把无居民海岛管理工作纳入法制化轨道，促进海岛资源的有序、有度、有偿、合理、合规、合法开发和可持续利用。

六、加大执法监管力度，保障开发有序进行

确立以海岛权属管理制度、海岛保护与利用规划制度和海岛利用许可制度为核心的海岛管理体系，为进一步加强无居民海岛管理、促进无居民海岛可持续利用提供有力的法律支持。在前期试点阶段，要坚持保护为主、适度开发。在给予投资商宽松的投资经营环境的同时，也需对海岛的开发实施严格的管理，以确保滨海旅游资源及生态环境不会因过度开发受到损害、不会破坏原有的地貌特征。对一些不符合开发规划、造成海岛生态系统和自然资源严重破坏的项目，应立即予以制止和纠正。规划实施后，开发者需改变海岛功能定位或开发利用方向的，需经规划批准机关和管理机关同意，方可变更。加强日常管理，定期派出联合执法人员对无居民海岛进行巡逻检查，发现问题及时依法处理。充分运用信息技术，逐步推行网络管理手段，提高对无居民海岛管理的现代化水平。

参 考 文 献

陈则实, 王建文, 汪兆椿, 等.1992. 中国海湾志第五分册(上海市和浙江省北部海湾). 北京: 海洋出版社.
第十届全国人民代表大会常务委员会. 2007. 中华人民共和国城乡规划法(2007 年 10 月 28 日第十届全
　　国人民代表大会常务委员会第三十次会议通过). http://www.mohurd.gov.cn/fgjs/fl/200710/
　　t20071029_159509.html. (2007-10-28) [2018-06-10].

国家海洋局. 2012. 关于印发全国海岛保护规划的通知 (国海发〔2012〕22 号). http://www.soa.gov.cn/
　　zwgk/hygb/gjhyjgb/2012_1/201508/t20150818_39487.html. (2012-04-18)[2018-06-10].

国家环境保护部, 国家技术监督局. 1995. 土壤环境质量标准 (GB 15618—1995). http://kjs.mep.
　　gov.cn/hjbhbz/bzwb/trhj/trhjzlbz/199603/t19960301_82028.shtml. (1996-03-01)[2018-06-10].

国务院. 2011.《关于浙江海洋经济发展示范区规划的批复》(国函〔2011〕19 号).

海宁市人民政府, 海宁市国土资源局. 2011.《海宁市土地利用总体规划 (2006—2020 年)》规划图 (2014 调
　　整完善版). http://www.haining.gov.cn/art/2015/12/11/art_1456268_795.html. (20105-08)[2018-07-20].

海盐县人民政府. 2010.《海盐县域总体规划 (2006—2020)》. http://www.haiyan.gov.cn/. (2010-10)
　　[2018-06-10].

嘉兴市人民政府. 2008.《嘉兴市城市总体规划 (2003—2020)》. http://www.jiaxing.gov.cn/sjw/201608/
　　t20160804_626544.html. (2008-06)[2018-06-10].

平湖市人民政府. 2008. 平湖市域总体规划 (2006—2020). http://www.jiaxing.gov.cn/sjw/
　　ghjh_5880/ghxx_5882/201711/t20171129_725125.html. (2008-09)[2018-06-10].

上海市金山区规划和土地管理局. 2006.《上海市金山区区域总体规划》. http://www.shjsgh.gov.cn/
　　html/ghgl/ztgh/100000009299.html. (2006-01)[2018-06-10].

夏小明, 贾建军, 时连强, 等. 2011. 浙江省海岸带调查研究报告 (ZJ908—01—04). 国家海洋局第二海
　　洋研究所.

浙江省人民政府. 2010.《长江三角洲地区区域发展规划》http://www.gov.cn/gzdt/att/att/site1/20100622/
　　001e3741a2cc0d8aa56801.pdf. (2010-06)[2018-06-10].

浙江省人民政府. 2011.《浙江省城镇体系规划 (2011—2020)》. http://www.zj.gov.cn/art/2013/11/
　　22/art_30592_102261.html. (2011-02)[2018-06-10].

浙江省人民政府. 2012. 浙江省人民政府关于印发《浙江省国民经济和社会发展第十二个五年规划纲要》
　　的通知. http://www.zj.gov.cn/art/2012/2/29/art_9254_151214.html. (2012-02-29)[2018-06-10].

浙江省人民政府. 2013. 浙江省人民政府关于《浙江省无居民海岛保护与利用规划》的批复. http://www.zj.
　　gov.cn/art/2013/8/15/art_5495_856875.html. (2013-08-15)[2018-06-20].

浙江省人民政府. 2019. 浙江省土地利用总体规划 (2006—2020 年). http://xxgk.luqiao.gov.cn/InfoPub/
　　ArticleView.aspx?ID=253481. (2017-06-05)[2018-06-10].

浙江水利局. 2012.《嘉兴市滩涂围垦总体规划》. http://www.zjwater.com/pages/document/125/
　　document_232.htm. (2012-05).

住房和城乡建设部. 2011. 城市用地分类与规划建设用地标准 (GB50137-2011). 北京: 中国建筑工业出
　　版社.

第九章　重点海岛发展规划

在本次规划中着重对杭州湾内 3 个较大海岛——外蒲岛、白塔山岛群和滩浒山岛进行规划。外蒲岛、白塔岛、滩浒山岛属于综合开发型海岛，规划以旅游开发带动渔业休闲、海滨度假等综合性旅游产品的立体开发模式。

第一节　规划理念

一、延续上位规划指导与要求，区域融合

在充分解读上位规划的基础上，合理安排规划区块的功能布局，使岛屿的功能构成、路网结构、整体环境风貌等符合上位规划要求，并与周边区块保持衔接，有机融入大区域。

二、保护和利用海岛自然要素，生态优先

梳理和提炼海岛原有自然地形特征，加以巧妙利用，充分展现岛屿的生态特色。规划应充分契合旅游市场的发展需求，注重发展多样化的旅游服务项目，将休闲运动、主题公园、度假娱乐模式汇聚于一体，形成岛屿旅游开发的规模效应，力求功能多样化、服务品牌化。

三、将规划的超前性与可操作性合理衔接，务实规划

尊重现状条件，衔接已有和拟建项目，从现实出发提出规划目标，将规划远期目标与近期开发实策相结合，提高规划的可操作性。构建弹性、有机的土地布局模式，契合旅游市场需求的变化(唐怀举和梁桂盛，2008)。

第二节　重点岛屿开发利用原则

一、因岛制宜，突出特色

重点海岛综合开发应充分利用现有资源，根据已形成的自然格局及生态系统特点，因岛制宜，挖掘潜力，突出特色，合理安排开发项目。特色化是海岛开发的根本原则，要在旅游产品极大丰富的市场中立足，必须培育出吸引力强的专题旅游、特色海洋海岛旅游项目，提升产品层次内涵、增强产品的竞争力。

值得注意的是，要开发适宜渔业捕捞、旅游度假等活动的海岛，首先要改善岛屿与大陆之间的交通条件。可引进高速游艇，缩短航程时间，在原有的基础上建设陆连岛、岛连岛工程，使岛屿之间的交通形成整体。改变海岛或单个岛屿功能相对狭窄的局面，

增强海岛基础设施的共享性，促进产业地域布局的整体性。其次，在旅游开发中，应计算区域极限容量(即旅游最大承载力)；要尽可能利用原有通道，减少新造通道分割整体布局和毁山造地的举措。

二、保护与开发并举，实现可持续发展

海岛开发过程中，保护始终是第一位的，必须坚持保护性开发与开发性保护相结合的原则。海岛资源结构单一，生态系统稳定性差，居民迁出的海岛还受到曾住民生活生产活动的影响。管理部门可制定专门的保护措施，按岛屿资源的重要程度，实行分等保护；在开发中可建设海岛防护林、水源涵养林和水土保持林，积极提高海岛的环境自净能力与自我保护、修复能力，真正做到开发利用与保护相辅相成，使开发事业永续健康发展(罗烨和贾铁飞，2011)。

三、整体协调发展

海洋生产与海岛经济发展联系紧密，往往同一空间几种产业并存；产业之间既具有兼容性、互补性和依赖性，又具有排他性、破坏性。因此，在开发利用海岛时，要树立整体观念和全局观点，使各种产业协调发展。要按海岛的自然属性并适当考虑社会属性来划定海岛的主导功能和功能顺序，理顺先后、主次关系，做到协调发展。一方面，要保证对土地、港湾等不易或不可再生资源利用的效益最大化，避免资源浪费；另一方面，要促使生物、淡水等可更新资源保持良好的生态循环，并永续利用。提倡节能节水人人有责，引进先进的技术设备进行海水淡化，以保障生活、生产用水；还可利用海岛的清洁能源，建立风力发电站、潮汐发电站，解决岛屿能源短缺问题并保证环境的洁净。

四、以市场为导向，进行长期建设

海岛的交通、通信、服务等设施基本"空白"，建设投资系数偏大；可进入性差、物料运送难度系数大、劳动力资源不足、建设进度受沿海气象事件影响等问题，又使得海岛利用与保护的配套投资剧增，后续投资需求大。因而开发行为往往与立项初衷不符，出现降低建设标准、缩小投资规模、减少配套设施、改变原定用途等短视行为。开发海岛要有长远眼光，要有全局性的科学规划，并严格按照规划进行长期建设。以市场为导向，建立动态发展观，注意开发的具体时段，设立市场调查平台，经常性地开展调研，科学地分析市场动态，与时俱进地开发项目，才能降低开发风险、确保开发效益。

第三节 外蒲岛发展规划

一、概况

外蒲岛位于杭州湾口北岸，嘉兴市乍浦港区至平湖市九龙山沿岸海域内，隶属嘉兴市平湖市；是九龙山近海最大的岛屿，面积 6.64hm^2，海拔 42m。形似葫芦，西侧岙部岸长 150m，宽 10~15m，底质为砾石。

外蒲岛资源环境良好，拥有弯曲的港湾、突兀的基岩、连片的沙滩、郁绿的山体。岛体北高南低，南可赏海观潮，北望九龙山的海岸景观尽收眼底。

岛上建有纪念弘一法师的文涛亭和中普陀禅院，禅院内有从日本和四大佛教名山请来的观音像，是当地人朝圣进香必到之处。素有"小普陀"之称，具有自然和人文双重资源(图 9-1)。

已建跨海大桥，实现与大陆的便捷交通，消除了制约岛屿开发中的瓶颈问题。目前尚无码头。

二、上位规划定位

《九龙山旅游度假区控制性详细规划》中提到，外蒲山将是九龙山展示文化旅游的重要场所。规划在外蒲山的景点有通天桥、八仙洞、小普陀观音禅院、白蛇洞、双龟听经、文涛亭、海蚀地带。

三、规划定位

本次规划将外蒲岛定位为：集以宗教胜迹、岛屿风光、荒岛探险为特色的海上生态旅游娱乐岛。

本次规划涉及公共管理与公共服务设施用地、商业服务业设施用地、道路与交通设施用地、绿地与广场用地、水域和其他用地 5 大类。鉴于海岛旅游度假区的特殊性，又重新进行了用地种类的细分，具体如下(图 9-2)。

(1)公共管理与公共服务设施用地——指宗教用地(A9)。

(2)商业服务业设施用地——包括旅游度假用地(B 旅)[①]。

(3)道路与交通设施用地——指城市道路用地(S1)。

(4)绿地与广场用地——指广场用地(G3)。

(5)水域和其他用地——包括沙滩、海域、山体。

(一)公共管理与公共服务设施用地

规划公共设施用地——保留现状的观音禅院等宗教设施，对原有庙宇进行修缮并优化周边环境，使之成为一个景点和以宗教文化旅游为主的新节点。

(二)旅游度假用地

规划区的旅游度假用地主要是指相关主题景区及接待设施、餐饮与购物设施、购物点及后勤管理用地等。规划旅游度假用地主要集中在外蒲山的东南侧，利用其海岛的自然景观和人文历史遗迹打造宗教文化旅游景点；在外蒲岛的南侧，利用其现状的海滩、堆石、雕像打造生态观景点；在外蒲山的西侧，利用其现状的海滩打造海上活动景点。

---

① 考虑到规划部门与国土部门的用地分类差别，本章规划用地中旅游度假用地(B 旅)等同于国土部门用地分类中的商业服务业设施用地。

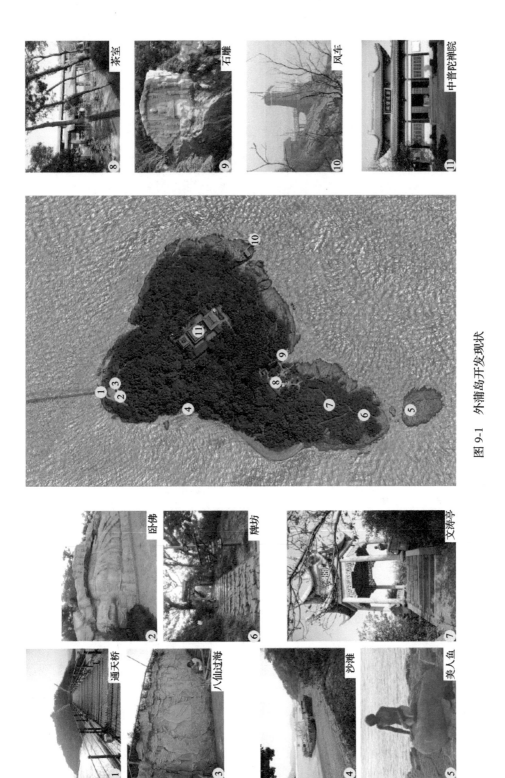

图 9-1 外蒲岛开发现状

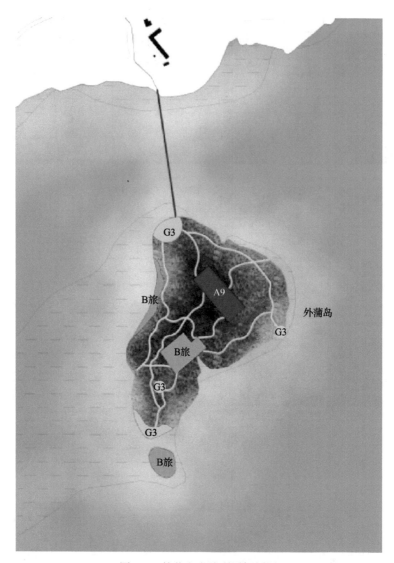

图 9-2　外蒲山土地利用规划图

(三)道路与交通设施用地

在对外交通上，保留已建成的跨海大桥，作为外蒲岛的主要出入口。在对内交通上，在现状道路的基础上，规划建成环外蒲岛的游步道，可以很方便地到达各个景观点，其中环路的宽度控制在 3～5m，同时在景区出入口设置集散广场。

(四)绿地与广场用地

规划 4 处小型广场：1 处位于外蒲岛的主要出入口，作为集散广场；另 1 处位于外蒲岛南侧的观景点，结合对岸的堆石、雕像，作为游憩广场；1 处位于外蒲岛东南侧的观景点，结合现状的风车，作为主题广场；最后 1 处位于外蒲岛南侧的半山腰，结合现状的文涛亭，作为观景广场。

四、旅游项目设置

(一)宗教朝圣文化型项目

这种类型的岛屿旅游主要以岛上的宗教文化为依托,全力开发宗教文化朝圣旅游产品,进而以宗教文化旅游带动该区域的旅游发展。

(二)荒岛探险特色项目

外蒲岛南部因海岸动力侵蚀形成许多绚丽的自然景观,有陡峭的海蚀崖,俯首下望,天险生畏;海蚀槽、海蚀洞,神工鬼斧,幽曲深邃;海蚀天台,浪花四溅,吞吐海潮,白浪奔腾,身临其中,惊喜叫绝。可利用游客的探奇心理,开发探险旅游项目,让游客们依靠自己的能力度过规定时间并经历种种考验。

第四节　白塔山岛群发展规划

一、概况

白塔山岛群生态旅游区位于杭州湾钱塘江口北岸,嘉兴市海盐县澉浦镇、秦山镇近岸,是浙北地区面积最大、岛屿最集中的近岸群岛。

白塔山岛群主要由 7 个无居民海岛组成,其中 4 个较大的岛是白塔岛、马腰岛、竹筱岛和北礁,自南向北由大到小排列,在大岛周边另有 3 个小岛:白塔岛东边的外礁、马腰岛东侧的马腰东礁、竹筱岛东侧的里礁(图 4-2)。

(一)资源

白塔山岛群 7 个海岛均为无居民海岛。白塔岛面积最大,岛上植被茂盛、古树参天,海鸟成群,周边海域内海洋生物丰富。现存房屋多座,包括两层楼房 1 座,平房 6 间;岛上有庙宇 1 座,有灯塔和自动气象观测站等公共设施,现建有 4kW 风力发电塔一套(图 3-26)。

马腰岛上有放养的山羊,搭有简易羊棚。

竹筱岛上曾搭有建筑物,现仅留有烧过的建筑物残迹。

里礁上建有国家大地控制点。

北礁上有过火残薪。

(二)交通

建有高桩码头一座,可停靠 300t 级船舶。海盐南北湖旅游度假公司有不定期客轮往返接送游客。

(三)现状土地利用

白塔山岛群土地利用分为 11 类,包括旱地、茶园、有林地、灌木林地、其他草地、农村宅基地、公共设施用地、宗教用地、裸地等(参见第五章第一节有关内容)。

二、规划定位

《海盐县域总体规划(2006-2020)》中提到，要加快白塔山岛群生态旅游区的开发，将其建设成为特色海上生态旅游景区。

本次规划将白塔山岛群打造成：集以岛屿风光、海岛探奇、白塔胜迹、海上运动为特色的海上生态旅游娱乐岛。

三、用地分类说明

本次规划涉及商业服务业设施用地、道路与交通设施用地、绿地与广场用地、水域和其他用地 4 大类。鉴于海岛旅游度假区的特殊性，又重新进行了用地种类的细分，具体如下(图 9-3)。

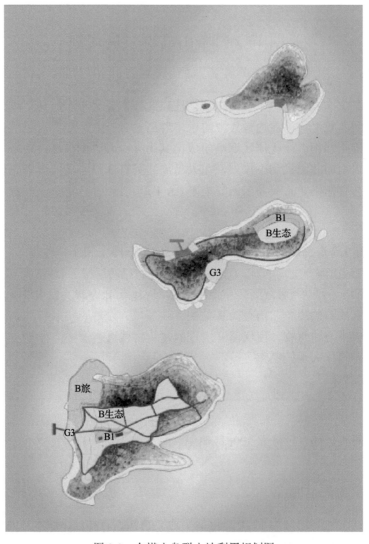

图 9-3　白塔山岛群土地利用规划图

(1) 商业服务业设施用地——包括旅游度假用地(B 旅)、商业用地(B1)、生态休闲用地(B 生态)。

(2) 道路与交通设施用地——指城市道路用地(S1)、交通枢纽用地(S3)。

(3) 绿地与广场用地——指广场用地(G3)。

(4) 水域和其他用地——包括沙滩、海域、山体。

(一)商业服务业设施用地

商业用地：规划在入口广场，设置旅游接待中心、餐饮与购物设施用地等。

旅游度假用地：规划在白塔山的东北角，利用其丰富的海岸资源发展海上运动。

生态休闲用地：规划在白塔岛顶部，利用现状的茶叶种植发展集农业观光、休闲于一体的休闲农庄。

(二)道路与交通设施用地

规划保留现状交通码头并进行合理的修葺，作为白塔山对外交通的主要出入口。

规划以现状道路为基础建设环白塔山的游步道，可以很方便地到达各个景观点。其中环路的宽度控制在 3～5m。

(三)绿地与广场用地

规划 4 处小型广场，1 处位于白塔山码头入口，作为入口集散广场；1 处位于白塔山山顶，作为观景台；另 2 处位于外蒲山的东侧和南侧，以现状保留的灯塔为主，作为观景广场。

四、旅游项目设置

海洋休闲渔业项目。海岛可充分利用其海洋生态资源，开发出融自然人文观光、参与体验、休闲度假等多种娱乐方式为一体的新兴旅游产业。休闲渔业项目可涵盖休闲度假渔业、渔家乐观光、渔家民俗风情体验、渔家文化展示等多样内容。

农业观光和狩猎特种项目。充分利用白塔岛生态农业资源，以田园风光、农事劳作及农村特有风土人情为内容，开发一些具有极高参与性的旅游活动。可利用当地群众的畜牧放养传统，结合高新技术改造，实现无居民海岛放牧养殖的规模化、集约化、健康化，建设无居民海岛狩猎园。

荒岛科考探险特色项目。白塔岛海蚀地貌景观丰富、岛礁散布、怪石峥嵘、造型奇特、引人遐思，可利用游客的探奇心理，开发探险旅游项目，让游客们依靠自己的能力度过规定时间并经历种种考验。

第五节　滩浒山岛发展规划

一、概况

(一)基本情况

滩浒山岛位于杭州湾口外北部,毗邻王盘洋,是嵊泗列岛中距大陆海岸最近的岛屿,正北与上海市奉贤区海岸线相距 22km,西北与上海市金山卫隔海 32km,面积 0.51km²,岛上较平坦,最高点海拔 82.6m。

滩浒山岛属于嵊泗县洋山镇,设有滩浒社区,人口约 700 人、近 300 户(谢国平,2015)。岛民以渔业捕捞生产为主业,1~8 月渔季约 200 人驻岛作业,9~12 月约六七十人留岛。

(二)资源

滩浒山岛四面环海,环境优美,气候宜人,海洋旅游资源丰富,是旅游、避暑、度假的理想场所(图 9-4)。

周围海域有"三宝":凤尾鱼、海蜇、大白虾。

(三)交通

岛上原有 1 处码头,为渔业码头和交通码头共用,可停泊渔船约 50 艘。目前刚建成南码头,可停泊 700t 级的船只。西北货运码头可停泊 1000t 级的船只。

自 2000 年 4 月开始,因岛上居民陆续搬迁至上海市金汇港滩浒新村,有一艘 96 客位、核载 50 人、航速 18 节的客轮,每周三、周六各开行一次班轮往返于上海奉贤区金汇港和滩浒山岛,便于居民和游人出入。2017 年,洋山镇打造"洋盛 7 号"投入"洋山—滩许山—金汇港"航线试运行,结束了滩浒山岛与嵊泗县洋山镇没有直达客轮的历史(朱善忠,2017)。岛上建有 1800m 环山小道。

(四)设施

岛上无清洁处理的饮用水,岛民饮水依靠井水和雨水收集。

岛上无集中处理的垃圾站。

二、规划定位

根据《嵊泗县域总体规划(2006-2020)》,滩浒山岛为旅游开发类海岛,要完善岛上各类游憩设施,保育现有的自然景观和渔村风貌,未来以旅游开发为主。

滩浒山岛规划以旅游发展为主,充分挖掘滩浒山岛的景观资源,发挥区位优势,通过完善岛上各类游憩设施,保育现有的自然景观和渔村风貌,将滩浒山岛建成景观优美独特、设施完善、游憩便利的度假天堂;集以岛屿风光、海岛探奇、观光娱乐、休闲养生、渔村风貌为特色的海上生态旅游娱乐岛。

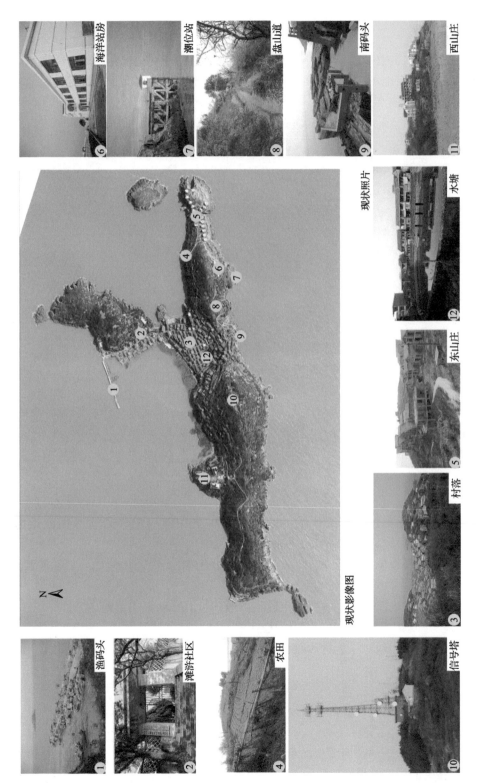

海洋站房 ⑥

潮位站 ⑦

盘山道 ⑧

南码头 ⑨

西山庄 ⑪

现状照片

水塘 ⑫

东山庄 ⑤

村落 ③

渔码头 ①

滩浒社区 ②

农田 ④

信号塔 ⑩

现状影像图

图9-4　滩浒山岛现状(摄于2013年2月)

三、用地分类说明

本次规划涉及住宅用地、商业服务业设施用地、道路与交通设施用地、绿地与广场用地、水域和其他用地 5 大类。鉴于海岛旅游度假区的特殊性，又重新进行了用地种类的细分，具体如下（图 9-5）。

图 9-5　滩浒山岛土地利用规划图

（1）住宅用地——包括三类住宅用地（R3）、一类住宅用地（R1）、渔民创意用地（R 创）。

（2）商业服务业设施用地——包括旅游度假用地（B 旅）、商业用地（B1）、商业酒店会所用地（B 酒）、生态休闲用地（B 生态）。

（3）道路与交通设施用地——指城市道路用地（S1）、交通枢纽用地（S3）。

（4）绿地与广场用地——指广场用地（G3）。

（5）水域和其他用地——包括沙滩、海域、山体。

（一）住宅用地

三类住宅用地：依托现状，保留现有渔村的功能布局和原有风貌，对局部房屋进行适当的整理和修缮。

一类住宅用地：规划在滩浒山岛东面，发展浅水湾别墅和私人游艇码头，使该岛成为高档休闲住宅的度假胜地。

渔民创意用地：规划在岛的中部，利用其特殊的资源、海水、渔村、山林打造渔民艺术创意园区，吸引中外艺术工作者成立工作室以进行艺术创作。

(二)商业服务业设施用地

商业用地：规划在入口广场，设置旅游接待中心、餐饮与购物设施用地等；同时在沿内港海岸边规划一条酒吧餐饮休闲街，充分体现热岛激情。

旅游度假用地：规划在该岛的北角，利用其丰富的海岸资源和人造沙滩打造休闲日光浴场，发展海上运动。

商业酒店用地：规划在滩浒山岛北面的内港处，结合海岸、沙滩、礁石、广场发展酒店、会所等中高端休闲服务业。

生态休闲用地：规划主要集中在滩浒山岛西面的山顶，利用现状的种植发展集农业观光、休闲于一体的休闲农庄、养生会所和合适的户外运动。

(三)道路与交通设施用地

依托现有的渔业与交通共用码头，实现洋山—滩浒山—金汇港互通。考虑未来建成浅水湾，提供个人游艇泊位，私人游艇将成为主要的对外交通工具之一。

岛上将建设直升机停机坪。

规划在岛上建设连通全岛的车行道，红线宽 3.5m，连接码头、海景别墅、酒店、度假山寨、俱乐部等主要区域，同时考虑增加高尔夫车、自行车等小型无污染交通工具。建设连接主要景区的人行步道，清理滩浒村中现有道路，改建为展示民俗风情的民俗街。

(四)绿地与广场用地

规划 5 处小型广场，1 处位于码头入口，作为入口集散广场；1 处位于岛的东面，结合规划的海景别墅，作为别墅海景观景台；1 处位于岛的西南角，作为环岛步行道的一个景观广场，也是生态休闲园的一个景观小节点；另 2 处位于岛的内港区，结合沙滩、临海酒店打造休闲步行系统。

四、旅游项目设置

按照滩浒山岛的资源条件和规划目标，规划将滩浒山岛分为海岛风情六大系列(图 9-6)。

(1)激情热岛——入口集市餐厅、俱乐部。

(2)情涯海阁——渔民创意工作室。

(3)蓝色风韵——浅水湾别墅，沙滩酒店会所。

(4)渔家晚唱——海上渔村。

(5)沐风亲水——休闲日光浴场。

(6)圣显山海——海岛生态园，户外运动。

水上及滩涂休闲运动项目。利用周围海域的良好环境，专门开展滨海游泳、帆板、滑水、冲浪、海洋竞技等海上休闲体育项目，满足游客追求新奇和刺激的心理。

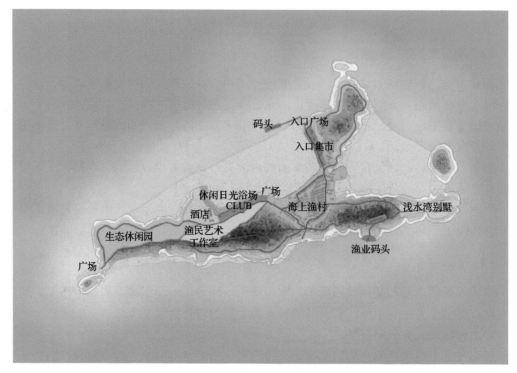

图 9-6　滩浒山岛规划图

海洋渔业项目。充分利用滩浒山岛良好的海岸线、优美的海上风光和丰富的渔业产品，开发出融自然人文观光、参与体验、休闲度假等多种娱乐方式为一体的新兴旅游产业。以传统渔业生产为载体，用按安全标准改造、装饰的休闲渔船乘载游客在海上捕鱼、观光，使游客亲临其境，既可体验渔民传统淳朴的海上生活，又能观赏美丽的海上风光，是集知识性、趣味性、奇特性为一体的浪漫休闲观光旅游服务。

文化休闲娱乐项目。随着人们物质生活的不断改善，对旅游的需求层次也逐渐提高，文化休闲娱乐型岛屿旅游就是适应这一发展潮流而出现的。岛屿以其自然神秘、休闲和岛上文化吸引游客的眼球，游客在岛上接受文化的熏陶，可以最大限度地感受身心的休闲与放松。

荒岛科考探险特色项目。岛屿的海蚀地貌景观丰富、岛礁散布、怪石峥嵘、造型奇特、引人遐思，可利用游客的探奇心理开发探险旅游项目，让游客们依靠自己的能力度过规定时间并经历种种考验。

参 考 文 献

龚松青, 钟卫华. 2009. 平湖市九龙山旅游度假区控制性详细规划(2009). 浙江省城乡规划设计研究院, 平湖市九龙山旅游度假区管委会.

林华山. 2012. 海岛旅游小镇规划方法与路径——以东山岛铜陵镇控制性详细规划为例. 规划师, 28(2): 39-43.

罗烨, 贾铁飞. 2011. 浙江沿海岛屿旅游可持续发展评价研究——以嵊泗列岛为例. 上海师范大学学报（自然科学版）, 40(3): 318-325.

聂海峰, 杨颖慧. 2010. 一座孤岛的守望者. http: //www. cnjxol.com/xwzx/jxxw/qxxw/hy/content/2010-04/14/content_1342672. htm. (2010-04-14) [2018-06-10].

平湖市住房和城乡规划建设局. 平湖市域总体规划 (2006-2020). http: //www. jiaxing. gov.cn/sjw/ghjh_5880/ghxx_5882/ 201711/t20171129_725125. html. (2008-06) [2018-06-20].

唐怀举, 梁桂盛. 2008. 试论 SWOT 分析在海岛生态旅游概念规划中的应用——以湛江市特呈岛生态旅游度假区概念规划为例. 小城镇建设, (7): 88-90, 96.

谢国平. 2015. 滩浒岛: 潮, 就从这里起步. 浙江日报, 2019-05-29(19).

朱善忠. 2017. 盼了多年偏远的滩浒岛居民愿望终于实现了! https://zj.zjol.com.cn/news/549741.html. (2017-02-07) [2018-06-10].

住房和城乡建设部. 2011. 城市用地分类与规划建设用地标准 (GB 50137—2011). 北京: 中国建筑工业出版社.